Antonia Coenen & Philipp Juranek

UNTER STAREN

Für meine liebe Luzi!

Antonia

Für alle Stare am Himmel –
und für die, die sie sehen.

Philipp

Antonia Coenen & Philipp Juranek

UNTER STAREN

Die Entdeckung einer unterschätzten Art

Eine Vogelreise

Brandstätter

INHALT

Von einer Macht, die keiner kennt,
Gelenkt, der alle Welt gehört,
Zieht's sie, wohin sie niemand nennt
Und keinem Menschen je erklärt.

Mascha Kaléko

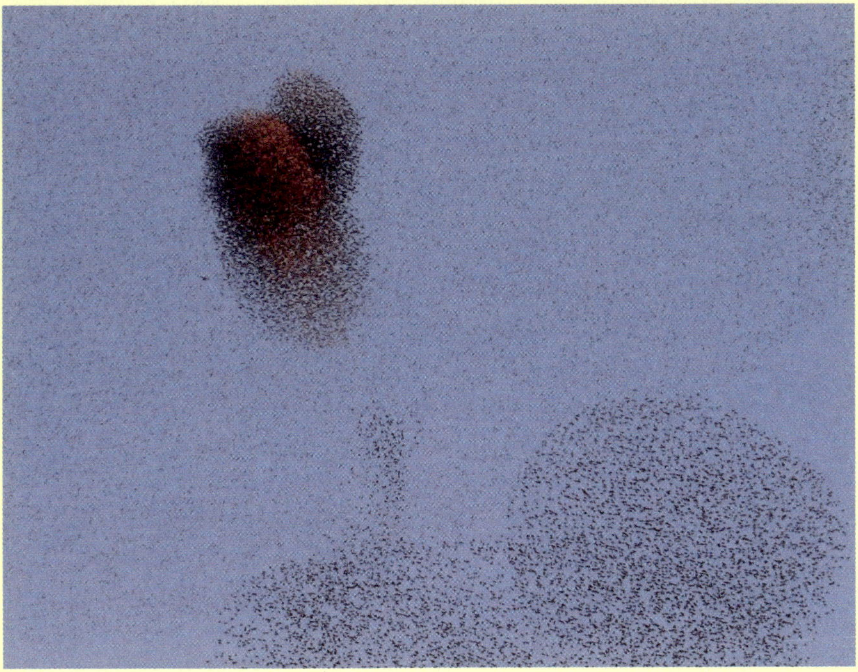

EINLEITUNG

Im Frühling 2020 starteten wir unseren Podcast »GUT ZU VÖGELN«. Damals hätten wir nicht gedacht, dass wir mit unserem alltäglichen Geschnatter über Meisen, Amseln und Rotkehlchen so viele andere Menschen erreichen würden. Dass wir sie bewegen würden – so wie uns die Vögel seit jeher bewegen. Heute, 80 Podcast-Folgen, unzählige Vogelführungen, Lesungen und zwei Vogelbücher später, wissen wir: Das Thema *Vögel* ist viel mehr als eine Wissenschaft, als reine Naturkunde; es kann Menschen erreichen auf einer Ebene, die wir vielleicht zuvor gefühlt, aber vollkommen unterschätzt hatten. Vögel, das sind Emotionen, Herz, Erinnerungen, Liebe und Freundschaft.

Wir haben weder Biologie studiert noch an irgendetwas geforscht. Für uns ist es schon immer eine reine, echte, tiefe Vogelliebe, die uns bewegt; eine Leidenschaft, die in unseren beiden Leben ihresgleichen sucht. Auf dieser Liebe zur Natur baut der tiefe Wunsch auf, ihr etwas zurückzugeben; Lebensräume zu erhalten und unsere Vögel zu schützen. Dies war und ist immer unser Antrieb; es geht uns um die Vögel selbst, nicht um das Verlangen, sie zu zählen, oder einen »Erfolg« beim Beobachten.

Emotionen sind in der Wissenschaft oft nicht gern gesehen; der subjektive Blick auf Beobachtungen und Entwicklungen in der Umwelt ist geradezu verpönt. Unsere Erfahrung aber zeigt: Es geht nur zusammen; die Wissenschaft liefert die harten Fakten, das Herz ruft nach Veränderung. Artenschutz und Naturschutz müssen deshalb immer auch emotional sein. Menschen müssen bewegt werden, um selbst etwas zu bewegen. Das Großartige an Vögeln ist dabei: Sie verbinden Eigenschaften, die automatisch Emotionen hervorrufen. Sie singen kunstvolle Melodien, sie können scheinbar mühelos fliegen, sie sind wunderschön anzuschauen. Vögel vermögen es, Gefühle auszulösen. Sie sind wilde Tiere und uns gleichzeitig so nah, vor dem Fenster und doch unerreichbar. Diesen Zauber, der sie umgibt, müssen wir endlich nutzen, um etwas zu verändern – in ihrem Sinne. Denn Vögel brauchen unseren Schutz. Und wir brauchen Vögel, um in dieser Welt bestehen zu können.

Haben wir in unserem letzten Buch *Vogel entdeckt, Herz verloren* über frühere, zufällige Vogelbegegnungen und -erfahrungen geschrieben, so wollen wir uns jetzt aktiv auf die Reise begeben und eine Vogelart in all ihrer Besonderheit besser kennenlernen. Hierbei soll stets gelten: Der Weg ist das Ziel. Wir nähern uns dem Vogel auf unsere ganz persönliche Art und Weise an, als Freunde, als Journalistinnen, mit Herz und einer großen Portion Neugier. Unsere erste Vogelreise führt uns zum Singvogel Star.

Der Star ist ein Wesen, das nahezu alle Dinge verkörpert, die uns Menschen seit jeher an Vögeln faszinieren. Da ist zunächst seine Gabe, außerordentlich gut fliegen zu können. Mit scheinbarer Leichtigkeit bildet er eindrucksvolle Schwärme und Formationen, die uns Herbst für Herbst zum Staunen bringen; Symbol für das unergründbare Wunder des Vogelzuges. Seit alters her sind Menschen fasziniert vom Federkleid der Stare; die Natur bringt in ihnen einen Glanz hervor, der ihresgleichen sucht. Und nicht zuletzt ist es ihre Fähigkeit, zu singen. Stare setzen ihre Stimme so eigen und kunstvoll ein, wie es kein zweiter Vogel in unseren Breiten vermag. Ein unglaublich sympathischer Vogel, der es verdient hat, genauer porträtiert zu werden.

Stare sind mitten unter uns – in den Dörfern, in Städten und Metropolen; aber auch in weiten Wäldern, unberührten Schilfgürteln, in abgeschiedenen Gegenden, weit weg von menschlichen Siedlungen improvisieren die Vögel und sind spontan, frech und lernfähig, ihr Verhalten anzupassen. Manche haben sich uns angeschlossen, wohnen mit uns, unter unseren Dachziegeln sogar – und dennoch schwindet ihr Lebensraum. Wir haben uns an die Vögel gewöhnt; sie sind immer da, selbst der wissenschaftliche Name *Sturnus vulgaris* benennt ihn als gewöhnlich, alltäglich, nimmt man die Übersetzung aus dem Lateinischen genau. Seit spätestens 1758 trägt der Star diesen lateinischen Namen, als Carl von Linné ihm jene damals schon geläufige Bezeichnung zuwies. Der Star muss allgegenwärtig gewesen sein.

Dies ist eine Geschichte über den Star in Deutschland und Europa; ein Porträt. Wie er ist, was ihn ausmacht. Was er braucht. Und vor allem, was er mit uns Menschen macht, wenn wir seine Nähe annehmen und ihn sehen. Uns wurde der Star ganz plötzlich unerwartet zum Freund. Und nun hat er für immer einen festen Platz in unseren Herzen, so wie nur Vögel es vermögen, sich mit uns zu verbinden. Wir wollen uns genau diesem schillernden Vogel widmen, weil er uns Menschen schon so lange begleitet – und dennoch oft nicht beachtet wird. Es wird Zeit, das zu ändern und den Star von allen möglichen Seiten kennenzulernen. Bevor es zu spät ist.

Unsere Reisen bringen uns an neue Orte, zu spannenden Menschen und in unvorhersehbare Situationen. Wir treffen Leute, die den Star besonders gut kennen, ihn malen, fotografieren, schützen; ihn beobachten, ihn aus unerfindlichen Gründen lieben oder ihn wissenschaftlich untersuchen. Künstlerinnen, Landwirte, Physiker. Wie immer gilt: Wir, die Reisenden, sind nicht allwissend. Mal sind wir Fragende, mal geben wir unser Wissen an die Lesenden weiter.

Wir beobachten Vögel in der Stadt und auf dem Land. Als Filmemacher mit Schwerpunkt Umwelt, Natur- und Artenschutz sind wir seit mehr als 15 Jahren in Deutschland und weltweit unterwegs. Sowohl beruflich als auch privat haben wir uns schon in jungen Jahren mit Vögeln beschäftigt, Filme über sie gedreht und eigene Initiativen zu ihrem Schutz gegründet. In diesem Buch wollen wir unsere gemeinsame Reise auch mit unserem persönlichen Leben verbinden. Als verheirateter, queerer Mann und als selbstständige Unternehmerin und alleinerziehende Mutter erzählen wir von unseren Perspektiven und unseren Erfahrungen im Berufsleben, im Alltag oder auch in der Vogelbeobachtungsszene. Denn unter den »Birdern« gehören wir selbst zu den seltenen Arten: Wie in vielen Bereichen in der Gesellschaft wird auch der Naturschutz in seiner Struktur dominiert von älteren, normativen Männern. Dabei sind wir uns sicher, dass es gerade für den Schutz der Umwelt und der Vögel diverse, ganz neue Blicke auf die Welt geben muss. Denn spätestens seit der Corona-Pandemie wissen wir: Vögel machen glücklich – und zwar die unterschiedlichsten Menschen. Was für eine Chance! Es zieht immer mehr Leute mit verschiedenem Background hinaus in die Natur. Auf unsere Balkone und ins Grüne, vor die eigene Haustür. Immer mehr Menschen trauen sich, auch ohne viel Vorwissen mit der Vogelbeobachtung zu beginnen – sie kommen aus der Deckung, lernen jeden Tag mehr und sind motiviert, diese Leidenschaft mit Leben zu füllen. Dieser Drang gilt für Alt und Jung gleichermaßen, in der Stadt und auf dem Land. Wir wollen dazu animieren, beim nächsten Pfeifen aufzuschauen – in den Himmel, auf das nächste Dach oder auf den Balkon –, wo der ein oder andere Vogel mit Sicherheit sitzen wird. Und dieser Vogel braucht euch und euer Engagement.

Dieses Buch über den Vogel Star, der schon immer mit uns gelebt und uns umgeben hat, der uns durch kulturellen, politischen, sozialen und geografischen Wandel begleitet hat, soll vor allem dazu beitragen, unsere Augen, Ohren und Herzen zu öffnen: für das, was uns umgibt. Es soll uns bewusst machen, was für wundervolle, kluge, soziale und freche Lebewesen herumfliegen und von den Bäumen pfeifen – in der Stadt und auf dem Land, jeden Tag aufs Neue. Wir wollen diesen Mitbewohner, den Star, nicht verlieren – und das klappt am besten, wenn wir ihn besser kennenlernen. Denn nur was wir kennen, lieben wir. Und nur was wir lieben, wollen wir schützen. Also, auf geht's!

Pareys
Vogelbuch

DER STAR *AM ALEX*

Als ich im September 2020 mit meinem Köfferchen am Alexanderplatz stand und auf die Regionalbahn in Richtung Brandenburg wartete, umzingelten sie mich: ein Rudel Stare. Wie treue Hunde schauten sie mich erwartungsvoll an und suchten den Boden vor mir nach Krümeln ab. Sie waren zu zehnt, pickten an meinen Schuhen, flogen dicht an meinen Ohren vorbei und bettelten laut und vehement. Natürlich griff ich direkt nach meinem Handy und nahm ein Video auf. Langsam folgte ich der Gruppe über den Bahnsteig und vergaß alles andere um mich herum.

Dass es im Winter Stare am Alex gab, war Philipp und mir schon 2016 aufgefallen, und wir hatten in unserem Büro in der Choriner Straße im Stadtteil Prenzlauer Berg oft über dieses neue Phänomen gesprochen. Für uns waren Stare Zugvögel. Wieso flogen sie nicht mehr in den Süden? Wie schafften sie es durch den eisigen Berliner Winter? Wo schliefen die Tiere? Persönlich hatte ich die Stare so nah und so frech, wie an diesem Tag auf meinem Weg zu Philipp nach Brandenburg, noch nie erlebt. Das war auch kein Wunder, denn so oft war ich nicht mehr am Alexanderplatz unterwegs. Ende 2018 bin ich zurück nach Köln gezogen, und im März 2020 hat Corona uns überrollt. Ich war das erste Mal nach dem Lockdown wieder in Berlin. Eine außergewöhnliche Zeit.

Als mein Zug einfuhr, filmte ich noch immer die glitzernden Vögel und schaffte es im letzten Moment in die Bahn. Drei Haltestellen und 15 Minuten später rollte der Regionalzug gemütlich über die Stadtgrenze, und mir fiel mit Schrecken auf, dass ich meinen Koffer am Alex stehen gelassen hatte. Ruckartig und mit pochendem Herzen sprang ich auf und konnte nichts machen – außer hoffen, dass meine Sachen irgendwo abgegeben worden waren. Am Vortag war ich das erste Mal nach dem Lockdown shoppen gewesen und hatte für die erste Reise all meine liebsten Kleidungsstücke eingepackt. Natürlich waren auch Arbeitsutensilien im Gepäck gewesen, zwei Festplatten mit Filmmaterial und diverse Ladekabel. Die Hoffnung, den Koffer jemals wiederzusehen, war gleich null, denn am Alexanderplatz bleibt kein Krümel unbeaufsichtigt liegen. Und so war es dann auch – mein Koffer war weg.

Es gibt wohl kaum einen Ort in Berlin, der so verschmutzt und unfreundlich ist wie der Alex. Einst als Symbol für die Moderne geplant und als lebendiges Zentrum der Hauptstadt der DDR konzipiert, zieht er täglich Zehntausende an, die eng aneinandergedrängt von A nach B eilen oder hier Zuflucht suchen. Dazwischen werden Drogen vertickt, Hochprozentiges getrunken, Portemonnaies und Koffer gestohlen oder irgendwie sonst Kohle gemacht.

Der Schock über meine Unachtsamkeit, den Diebstahl meines Hab und Guts und das Rudel Stare vom Alex an jenem Morgen markieren für mich den Beginn unseres späteren Tierfilms »Der Star am Alex«, welcher 2024 auf Arte seine Premiere feierte. Denn seit diesem Tag wurden die Stare vom Alex ein Dauerthema zwischen Philipp und mir. Wir warteten auf ihre Ankunft im September und erzählten uns von ihrem Verschwinden Anfang März. Das Witzige ist, dass es früher umgekehrt war: Die Stare verschwanden im Herbst und kamen im Frühling zurück. Wir wechselten die Perspektive. Die Alex-Stare stellten die Welt auf den Kopf, auch unsere, es war der Beginn eines wichtigen Abschnitts in unserer Freundschaft. Wilde Gerüchte waren im Umlauf. Angeblich sollten die Stare am Alex die S-Bahn benutzen und am Ostbahnhof wieder aussteigen. Einige sollten das berühmte Geräusch der Berliner S-Bahn, das beim Schließen der Türen ertönt, nachahmen. Immer mehr unserer Podcast-Hörerinnen kamen auf uns zu, mit Fragen zu den Staren, die wir nicht genau beantworten konnten. Größere Berichte über den überwinternden Trupp gab es nach unserem Kenntnisstand zu dem Zeitpunkt aber nicht.

Am 21. Dezember 2021, um genau 10:38 Uhr war es dann so weit. Philipp stand am Alex mit seinem Croissant, wie ich im Jahr zuvor, und wartete auf seine Bahn, als auch er umzingelt und singend und pfeifend dazu aufgefordert wurde, das Croissant mit ihm zu teilen. Die Stare flogen hoch und pickten zielstrebig Krümel aus Philipps Hand, suchten den Boden vor seinen Füßen ab und setzten sich sogar auf seine Schulter. Philipp filmte alles mit dem Handy und konnte es kaum fassen. Die Schamlosigkeit, mit der sich die Vögel an seinem Essen bedienten, ließ keinen Zweifel mehr: Die Alex-Stare mussten ins Fernsehen. Am gleichen Tag trafen wir die Entscheidung, ein Exposé mit unserer Geschichte für einen Fernsehsender zu schreiben.

Bei der Tierfilmproduktion in Deutschland verhält es sich in etwa so wie in der Ornithologie. Bis heute gibt es Orni-Gruppen, in denen keine einzige Frau mitwirkt. Die Ornithologie, wie auch der deutsche Tierfilm, ist schon immer ein vornehmlich von Männern dominierter Bereich gewesen. Somit ist die Perspektive im Tierfilm und in der ornithologischen Forschung männlich geprägt. In der Vogelkunde zeigt sich das beispielsweise in der Annahme, dass nur männliche Vögel singen. Dabei sind singende Weibchen weltweit die Regel, nicht die Ausnahme. Das hat ein internationales Team um Katharina Riebel von der Universität Leiden recherchiert. Die Wissenschaftlerinnen hatten die internationale Fachliteratur systematisch ausgewertet, bestehende Berichte, die schon lange verfügbar waren. Die Ergebnisse zeigten, dass weiblicher Gesang bei 71 Prozent der untersuchten Vogelarten vorkam.

Diese Ergebnisse widerlegen klassische Annahmen über die Evolution des Gesangs und der Geschlechtsunterschiede bei Vögeln. Dass nur Männchen singen, war zentral für die Entwicklung von Darwins Theorie der sexuellen Selektion. Wie andere männliche Schmuckmerkmale diente auch der Gesang dazu, Weibchen anzulocken und mit Rivalen zu konkurrieren. So wurde der Gesang von Vögeln zu einem Lehrbuchbeispiel für die

Macht der sexuellen Selektion. Dabei sind Rotkehlchen, Heckenbraunellen, Zaunkönige und auch der Star alles heimische Vogelarten, bei denen auch die Ladys singen. Doch immer noch gilt, dass das Starenmännchen Gas gibt, um die Weibchen zu verführen, sie anzulocken. Das hat ein Geschmäckle, welches impliziert, dass die Weibchen willenlos und bedürftig seien.

Dabei könnte man gerade bei Vögeln auch ein anderes Narrativ bemühen: Die Vogelweibchen, als unabhängige Individuen, schauen sich die Männchen genau an und überlegen dann, welches ihnen nah kommen darf. Dafür müssen die Männchen auf sich aufmerksam machen und auffallen. Entweder ihr Gefieder ist besonders bunt, sie singen sehr facettenreich, oder aber sie schmücken das mögliche Nest mit besonders viel Finesse. Sind sie erfolgreich, kommen sie in die engere Auswahl der wählerischen und beschäftigten Vogeldamen, der selbstständigen »grown woman«, ganz nach Beyoncé. Manchmal, wie bei der emanzipierten Heckenbraunelle, haben die Weibchen auch mehrere Männchen am Laufen oder brüten in Gemeinschaften. Vogelweibchen haben manchmal auch gar keinen Bock mehr auf die Typen und werden lesbisch, wie die fortschrittlichen Möwinnen in Kalifornien, von denen ein Artikel der *New York Times* aus dem Jahr 1977 berichtet:

> »Ein Forschungsteam einer Universität berichtet, dass etwa 14 Prozent der weiblichen Möwen auf einer Insel vor der kalifornischen Küste lesbisch sind. Dies sei der erste solide Beweis für weit verbreitete Homosexualität unter wilden Vögeln. Eine der weiblichen Möwen übernimmt eine männliche Rolle, und die Vögel bilden stabile Partnerschaften, ähnlich wie heterosexuelle Möwen: Sie gehen die Bewegungen der Paarung durch, legen sterile Eier und verteidigen ihr Nest wie andere Paare, heißt es in dem Bericht. Es wurden keine Hinweise auf Homosexualität bei männlichen Vögeln gefunden.«

Es gibt einen tollen Song aus dem Jahr 1979 mit dem Titel »Lesbian Seagulls« von Tom Wilson Weinberg. Er erschien auf seinem Album »The Gay Name Game«, auf dem sich der Australier offen zu seiner Homosexualität bekannte. Zum Zeitpunkt der Veröffentlichung des Albums war er etwa 34 Jahre alt und hatte zuvor seine originellen queeren Lieder in Cafés und bei Veranstaltungen zur Schwulen-Emanzipation in den späten 1970er-Jahren aufgeführt. Später wurde das Lied von Engelbert populär gemacht und 1996 sogar im Film »Beavis and Butt-Head do America« verwendet.

Ich glaube, dass wir heute viel mehr Wissen über den Schutz unserer Vögel gesammelt hätten, wären mehr Frauen früher an der Forschung beteiligt gewesen oder hätten bedeutende Professuren erhalten. Die Geschichte hat gezeigt, dass es meistens die Frauen waren, die sich im Artenschutz engagierten. Man denke an die Zoologin und Biologin Rachel Carson, die Primatenforscherinnen Jane Goodall und Dian Fossey, die Ozeanografin Sylvia Earle oder die Umweltaktivistin Vandana Shiva. Diese Frauen haben maßgeblich dazu beigetragen, das Bewusstsein für den Schutz der Natur und die Bedeutung der biologischen Vielfalt zu schärfen. Sie haben weltweit Bewegung in den Artenschutz und die wissenschaftliche Forschung gebracht. Schaue ich mir heute meine Vogelbüchersammlung an, dann sind die meisten Bücher, die sich mit dem Thema Vögel und Artenschutz, Tierschutz, Kultur, Poesie kurz: Vogel und Mensch befassen, von Frauen verfasst oder mitverfasst. Die Wissenschaft jedoch bleibt männlich.

Zurück zu unserem Projekt. Philipp und mein erster »Tierfilm« mit dem Arbeitstitel »Der Star am Alex« wurde im Februar 2022 von dem französisch-deutschen Sender Arte in Auftrag gegeben, und schon bald fingen wir mit den Vorbereitungen an. Als Erstes mussten wir eine geeignete Kamerafrau oder einen Kameramann finden. Die Person sollte in Berlin leben, flexibel sein, herausragende Bilder machen und für eine bezahlbare Gage arbeiten. Denn obwohl wir uns sehr über die Auftragsproduktion freuten, stellte uns das Format »Arte-Entdeckung« vor einige

Herausforderungen: Zum einen integrierte es immer auch kurze Geschichten von Menschen in seine Filme, was wir eigentlich nicht wollten – die Stare sollten die Stars sein! Zum anderen war das Produktionsbudget zu niedrig für die aufwendige Realisation eines Tierfilms. Immerhin wollten wir einen hochwertigen Tierfilm produzieren, der die Stare als unterschätzte Vogelart so zeigt, wie sie noch nie gezeigt worden war. Über Umwege und hilfsbereite Tierfilm-Kolleginnen aus Leipzig stießen wir auf Stephan Schulz, einen jungen, ambitionierten Kameramann, der sogar unweit vom Alexanderplatz wohnte. Stephan war nicht nur nett, sondern auch begeistert von dem Thema. Wenige Tage später lag er warm eingepackt auf dem Bahnsteig des Bahnhofs Alexanderplatz und schoss die ersten Probeaufnahmen mit den Staren. Es war ein sonniger, kalter Tag, und die Sequenzen, die er mir später schickte, gehören bis heute zu meinen liebsten Aufnahmen. Zu sehen ist ein kleiner Star, der laut gegen den Stadt- und Bahnhofslärm ansingt, während er in der Sonne auf einem Schild sitzt und im Hintergrund die S-Bahn in den lauten Bahnhof einrollt.

Ich liebe dieses Motiv sehr, da es für mich das Wesen des Stars perfekt wiedergibt. Der Star ist mutig und überaus anpassungsfähig und mit seiner Umwelt ständig im Austausch. Er hat alles im Blick: die Umgebung, seine mögliche Nahrungsquelle, seine Artgenossen, die Menschen und andere Vögel. Er ist klein und fein und stellt sich jeder Gefahr lautstark entgegen. Trotzig und zackig bewegt sich sein Kopf schnell von rechts nach links und von oben nach unten. In Sekundenschnelle kann sich seine Erscheinung verändern. Erst zwitschert und trällert er aufgeplustert mit erhobenem Kopf gen Himmel, und im nächsten Moment gleicht er einem Reptil, die Federn eng angelegt und mit schmaler Silhouette.

An jenem ersten Drehtag im Februar 2022 stimmte alles. Die Stare tummelten sich auf den Gleisen des Bahnhofs und suchten nach Essbarem. Die Sonne schien, aber es war kalt, sodass sich die Vögel unter dem Dach des Bahnhofs aufhielten und die einfallenden Sonnenstrahlen ausnutzten, um sich aufzuwärmen.

Stephan kam nah heran und konnte die urbane und hektische Atmosphäre des Bahnhofs mit den singenden und glänzenden Staren im Vordergrund perfekt einfangen.

Philipp und ich machten uns derweil an das Drehbuch. Uns fiel auf, dass wir eigentlich nicht viel über die Alex-Stare wussten. Wo schliefen sie? Wo kamen sie her? Wie groß war die Gruppe, und was genau fraßen sie? Um wie viel Uhr startete ihr Tag, und wann endete er? Welchen Gefahren waren sie am Alex ausgesetzt? Warum taten sie sich ausgerechnet diesen Ort an? Gespräche mit bekannten Berliner Wildtierexperten und Biologen, auch hier alles Männer, waren nicht sehr hilfreich. Uns wurde versichert, die Tiere schliefen außerhalb der Stadt und kämen nur zum Fressen an den Alex. Niemand wusste genau, wie viele es waren. Die Stare am Alex waren nicht erforscht, und des relativ neuen Phänomens hatte sich noch niemand wissenschaftlich angenommen.

Der am Alex brütende Wanderfalke war in einem Beringungsprogramm der Stadt. Die immer weniger werdenden Spatzen und Stare indes erforschte keiner. Und als wir uns über die Population der Stare und Spatzen in Berlin informieren wollten, konnte uns niemand eine genaue Zahl nennen. In der Welt der Ornithologie gibt es oft einen starken Fokus auf seltene und gefährdete Vogelarten. Diese Aufmerksamkeit ist berechtigt, da sie unser Verständnis von Biodiversität vertieft und wertvolle Erkenntnisse für den Artenschutz liefert. Doch paradoxerweise wissen wir über Bestandsrückgänge vermeintlich »gewöhnlicher« Arten wie Stare und Haussperlinge oft wenig – obwohl sie uns täglich begleiten und eng mit menschlichen Lebensräumen verwoben sind. So kann es passieren, dass vermeintlich häufige Arten still und heimlich verschwinden und dieses Verschwinden zu spät auffällt.

Wie bei den Staren. Ihre Bestände nehmen stetig ab. In Deutschland leben derzeit noch etwa zwei Millionen Brutpaare. Was viel klingt, muss man in Relation stellen: Es sind nur noch

Der Star am Alex hat sich angepasst und die Menschen als lebende Futterquelle entdeckt. So nah wie hier am Alexanderplatz kommen uns die Tiere sonst nie.

Er hat alles im Blick: die Umgebung, seine Artgenossen, die Menschen, andere Vögel und die mögliche Nahrungsquelle. Dönerfleisch ist mit Abstand das Lieblingsessen des Stars am Alex.

halb so viele wie noch vor 20 Jahren. Der Bestand ist seit der Jahrtausendwende erheblich zurückgegangen. Diese dramatische Entwicklung hat dazu geführt, dass Stare inzwischen auf der Roten Liste der gefährdeten Arten stehen – Kategorie drei: gefährdet. Zusammen mit Wiedehopf, Wendehals oder Fischadler. Arten, für die es eine viel größere Aufmerksamkeit, teilweise sogar extra Schutzprogramme, Nistkastenprojekte und Ähnliches gibt.

Dabei ist der Rückgang des Stars ein Symbol für das »stille Verschwinden« vieler häufig vorkommender Vögel. Einst aus unseren Siedlungen nicht wegzudenken, sind Haussperlinge in Städten wie Köln, Wien oder Paris nicht mehr aufzufinden. Auch in Berlin werden sie immer weniger. Dort, wo es sie noch gibt, sind sie oft laut und lebendig; vielen fällt es daher schwer, zu glauben, dass sie seltener werden. Ihr Hauptproblem sind die fehlenden Brutplätze, die bei Fassaden- und Dachsanierungen vernichtet werden. Klassische Spatzen-Nistplätze in Mauernischen, unter Dachrinnen und in Dachkästen verschwinden. Ritzen und Löcher passen nicht mehr ins Bild unserer schicken Häuser. Mit der Folge, dass eine Spatzenkolonie nach der anderen ihre Lebensgrundlage verliert. Hinzu kommt, dass begrünte Fassaden immer seltener werden. Das ist für die Spatzen – und genauso für Stare – vor allem im Winter ein großes Problem, da sie meistens so schnell keinen neuen Efeu oder Strauch finden, wo alle Individuen Platz haben. Die Gruppe muss sich verteilen. Eine kalte Nacht an einem ungeschützten Ort ist aber für die Vögel, die konstant eine Körpertemperatur von 39 bis 42 Grad halten müssen, kaum zu überleben. Sie wenden dann schlicht zu viel Energie auf und verbrennen zu viel Körperfett.

Zwar sind die Fortpflanzungs- und Ruhestätten von Vögeln und Fledermäusen laut § 44, Absatz 1, Nummer 1–3 des Bundesnaturschutzgesetzes geschützt und dürfen ohne Ausnahmegenehmigung weder entfernt noch zerstört werden, aber unsere Erfahrung zeigt, dass auch bei städtischen Bauprojekten der Verpflichtung, noch vor Beginn der Baumaßnahme zu prüfen, ob sich im betroffenen Gebäude Fortpflanzungs- und Ruhestätten befinden, nicht nachgekommen wird. Zu mächtig sind die Bauprojekte im Vergleich zu den kleinen Spatzen und Staren. Um das Aussterben des Haussperlings *Passer domesticus* – was so viel heißt wie »dem Haus zugehörig« – und unseres Stars zu stoppen, bräuchte es wissenschaftlich fundierte Untersuchungen, mit genug Hebelkraft, dass auch politisch etwas für den Artenschutz passiert. Ohne konkrete Zahlen über die Populationen und wissenschaftliche Belege fehlt einfach der Rumms. Die gefühlte Wahrheit ist da angenehmer als reale Zahlen. Die Erforschung von Spatz und Star würde nicht nur dazu beitragen, ihre Bestände zu sichern, sondern auch unser Wissen über die komplexen Wechselwirkungen zwischen Natur und Mensch vertiefen. Das Verschwinden dieser Allerweltsarten ist ein Warnsignal für die Gesundheit unserer Umwelt. Und ohne Forschung bleiben diese Veränderungen oft unbemerkt mit weitreichenden Folgen für die Ökosysteme.

Das Erste, was wir bei unseren Dreharbeiten über die Stare lernten, war: je kälter der Tag, desto hungriger die Vögel; je hungriger die Vögel, desto frecher ihre Bettelei und je dreister ihre Bettelei, desto besser unsere Aufnahmen. Kam der Starenschwarm in den Morgenstunden am Alex an, nach einer kalten Nacht mit Minusgraden, hatten die Vögel bis zu einem Fünftel ihres Körpergewichts verloren. Essen war überlebenswichtig, und so stürzten sie sich regelrecht auf alle Krümel, die sie am Bahnsteig finden konnten. So früh am Morgen hatten die Imbisse und Dönerbuden noch nicht geöffnet, und der Trupp Stare konzentrierte sich auf die wartenden Passagiere und auf uns, direkt vor der Kamera.

An einem unserer ersten offiziellen Drehtage im Februar 2023 trafen Stephan und ich uns um sechs Uhr morgens am Bahngleis 3 und 4 am Alexanderplatz. Das Thermometer zeigte minus zwölf Grad, und ich hatte mich – als absolute Frostbeule – warm eingepackt. Es war noch stockdunkel, und wir bauten unsere Kamera auf. Unser Ziel war es, die morgens einfliegenden

Stare zu filmen, und da wir nicht wussten, wann sie kommen würden, beobachtete ich nervös den Himmel, während Stephan auf dem Bahngleis einen passenden Platz für die Kamera suchte. Zu diesem frühen Zeitpunkt der Produktion wussten wir nicht, aus welcher Richtung der Schwarm oder Teile davon ankommen würden. Um kurz vor sieben war immer noch kein Star zu sehen. Während Stephan die blaue Stunde mit seiner Kamera einfing, konnte ich mich vor Schmerzen in den Händen und Füßen kaum noch bewegen. Mein ganzer Körper zitterte, und ich wunderte mich, wie Stephan noch die Kamera führen konnte. Von Weitem sah ich seinen Atem wie eine Dampfwolke gegen das immer heller werdende Licht in die Höhe steigen. Es versprach, ein klarer und sonniger Berliner Wintertag zu werden.

Um 08:11 Uhr kamen sie endlich. Eine Gruppe von vielleicht 80 Tieren flog aus der Richtung des Roten Rathauses auf uns zu und setzte sich auf die Oberleitung der Bahn. Aufgeplustert und in der aufgehenden Sonne glitzernd, unterhielten sie sich, während Stephan sie filmte und ich Verpflegung holte. Die kleinen Backstände auf dem Bahngleis waren mittlerweile geöffnet, und ich entschied mich für zwei Croissants als Lockmittel, die ich mit meinen eisigen Fingern schmerzend zu Stephan trug. Mit der Papiertüte in der Hand lief ich den Bahnsteig entlang. Schon kamen die Stare von allen Seiten angeflogen! Sie setzten sich in gewohnter Manier vor meine Füße und bettelten laut rufend. Dabei öffneten sich die spitzen Schnäbel weit oder visierten meine Hände an. Die kleinen dunklen Augen funkelten.

Auch wenn Philipp und ich öfter in eine verniedlichende Sprache verfallen, so möchte ich an dieser Stelle darauf aufmerksam machen, dass die Stare vom Alex an eisigen Tagen wie diesen um ihr Überleben kämpfen. Es sieht süß aus, wie sie so vor uns stehen und uns fordernd anschauen, singen und tun – aber am Ende sind die Menschen an einem bitterkalten Wintermorgen ihre einzige mögliche Futterquelle. War die Entscheidung der Vögel, von ihren Gewohnheiten abzuweichen und nicht in den Süden zu fliegen, ein fataler Fehler? Diese Vögel vor mir, die mich mit kleinen Augen anstarrten, taten alles, um sich warm zu halten. Sie plusterten ihr Gefieder auf und nutzten ihre Daunen als natürliche Isolierung. Sie saßen windgeschützt und versuchten, sich so wenig wie möglich zu bewegen. Jede überflüssige Aktion wäre energiezehrend gewesen. Jeder Krümel, der runterfiel, wurde sofort aufgepickt und die Konkurrenz erbarmungslos weggehackt. Manche von ihnen standen auf nur einem Bein und hatten das andere ins warme Gefieder gezogen, sodass weniger Körperoberfläche der kalten Luft ausgesetzt war. Das verbliebene Bein, das den Vogel stützt, wird durch spezielle Anpassungen der Blutgefäße geschützt. Ein Gegenstromwärmeaustausch sorgt dafür, dass das Blut in den Beinen nicht auskühlt, ohne den restlichen Körper zu stark zu unterkühlen.

Obwohl ich dicke Handschuhe mitgebracht hatte, waren meine Hände um genau 08:40 Uhr taub, und ich schaffte es kaum, das Croissant in meiner Hand zu teilen. Alles fiel runter auf den eisigen Boden und wurde direkt weggepickt. Ich vermochte es nicht, die Krümel in meinen Fingern zu halten oder irgendwo schön zu drapieren, sodass ich nicht auf den Aufnahmen war. Alles tat weh, ich war am Ende und wartete sehnsüchtig auf Philipps Ankunft. Er sollte den Dreh übernehmen und wollte um neun Uhr ankommen. Es handele sich nur noch um Minuten. Minuten, die sich wie Stunden anfühlten – am sibirischen Alexanderplatz.

Als Philipp dann aus der Bahn stieg, schrie ich ihm mit wehenden Haaren schon aus der Ferne alles Wissenswerte zu und hatte nicht einmal mehr die Kraft, nach unserer Begrüßung höflich stehen zu bleiben: »Die Stare sind da, und ich sterbe gerade«, rief ich ihm beim Vorbeijoggen noch zu, dann stand ich schon auf der Rolltreppe abwärts zur U-Bahn. Circa 15 Minuten später lag ich in der Badewanne. Ich gebe zu, das hört sich memmenhaft an, aber zu meiner Entschuldigung kann ich sagen, dass ich als westdeutsches Kind solche Minusgrade nicht gewohnt bin und zu allem Überfluss meine Jacke nicht funktionstüchtig war. Ich hatte sie schlichtweg nach 24 Jahren einen Winter zu oft getragen.

Philipp hatte sich mittlerweile an die kalten Winter im Osten gewöhnt und übernahm Regie – den ganzen restlichen Tag –, wie ich mir öfter anhören musste. Als er mit zwei Croissants ausgerüstet am mittlerweile vollen Bahnsteig stand, wurde er schnell von mehr als zehn Staren belagert. Die Vögel saßen auf seinen Schultern, hüpften den Arm entlang und landeten auf dem Croissant. Sogar auf seiner Mütze saßen sie und guckten neugierig, was es hier zu holen gab. Sie zupften, zirkelten (das Verhalten erklären wir im Kapitel »Der Star und sein Jizz«) und rissen Stückchen vom Teig ab. Aus ihren kleinen Schnäbeln stiegen kleine Atemwolken hoch, wenn sie sich um den Landeplatz stritten, und auf den entstandenen Videoaufnahmen lässt sich das immer gleiche Verhalten beobachten. Die Stare flogen Philipps Hand an, landeten und schauten ihm als Allererstes ins Gesicht, um die Situation besser einschätzen zu können. Erst danach rupften sie beherzt ein Stück Croissant aus seiner Hand. Es war, als würden sie Philipp in die Augen schauen, um abzuschätzen, ob er ihnen wohlgesonnen war, bevor sie weitermachten.

Über den Winter 2022/2023 entstanden so wunderbare Nahaufnahmen von Staren am Bahnhof Alexanderplatz – sogenannte Close-ups oder Detailaufnahmen, die wir außerhalb des Bahnhofs in dieser Zeit nie hätten drehen können. Der gedrungene Körper, der kurze Schwanz, das schimmernde Gefieder, die langen Beine, scharfe Krallen, die schlanken und spitzen Schnäbel und die braunen Augen. Alles typische Merkmale, und doch sah jeder einzelne Vogel beim genauen Betrachten anders aus. Kaum zu glauben, dass die gleichen Vögel, die sonst so weit oben im Himmel schweben und die wildesten Formationen bilden, jetzt regelrecht auf uns saßen. Es folgten viele, besondere Aufnahmen, die uns die Vögel ins Herz schließen ließen; Stare in der Dönerbude, auf der Rolltreppe oder im Kreis fahrend und singend, auf der berühmten Weltzeituhr.

Interview mit Stephan Schulz (Tierfilmer)

Antonia: Du warst ja am allermeisten am Alex. Was meinst du, wie viele Stare es waren?

Stephan: Ich habe mal eine Aufnahme gemacht, wo alle hochgeflogen sind. Da habe ich so ein Bild grob durchgezählt und bin ich auf 400 gekommen. Und bei den Schlafplätzen im Prenzlauer Berg habe ich grob überschlagen. Das waren 2000 bis 3000 Tiere. Das war an Tagen, wo es außerhalb von Berlin superkalt und vereist war und in Berlin, durch die Wärme in der Stadt, angenehmer. Da kamen auch viele aus Brandenburg reingeflogen.

Was hast du beim Dreh über die Stare gelernt?

Mir war das Phänomen der Stare am Alexanderplatz gar nicht so bekannt. Ich habe beim Umsteigen am Alex zwar öfter mal gehört, dass da ein paar Stare unterwegs sind, aber mir war gar nicht bewusst, dass das ein wiederkehrendes Phänomen ist. Das habe ich erst am ersten Drehtag gelernt. Man wartet ja sonst drei Minuten auf den Zug und ist dann weg. Man nimmt sich gar nicht die Zeit, sie länger zu beobachten. Gleich am ersten Tag ist mir aufgefallen, wie ausgeklügelt und systematisch das eigentlich bei den Staren ist, dass sie ein sehr gutes Auge haben und sofort mitbekommen, wenn irgendwo jemand etwas liegen lässt. Das zeigt ja schon, wie bedürftig sie waren. Dass wir ihre Hauptnahrungsquelle sind, das hatte ich vorher nicht gewusst. Und rein technisch habe ich gelernt, wie kompliziert es sein kann, wenn ein Vogel gar keine Scheu vor der Kamera hat. Sie in die Entfernung zu kriegen, dass sie nicht zu dicht dran sind, aber gleichzeitig trotzdem bei einem bleiben. Das hat man ja normalerweise als Tierfilmer nicht, sondern da ist es eher das Problem, dass man zu weit weg ist und nicht an sie rankommt.

Was war für dich der schönste Moment bei den Dreharbeiten am Alex?

Für mich war das der Obdachlose, der dort schon seit zwei, drei Jahren mit den Staren sitzt und sie füttert und beobachtet. Das hat mich gerührt. Und wir haben während der Dreharbeiten ganz viele Leute gesehen, die auf irgendeine Art und Weise mit den Staren interagieren. Auch abseits der Kamera haben mich viele darauf angesprochen, dass ich filme. Und dann hatte jeder so seine eigene Geschichte mit den Vögeln.

Und gab es irgendwas, was dich überrascht hat?

Überrascht hat mich, wie die Stare ins Gebäude des Bahnhofs reingeflogen sind. Also das Timing, dass sie schon wissen, dass die Tür aufgeht, wenn jemand da langgeht, und dann können sie reinfliegen, um zum Bäcker zu kommen oder solche Sachen. Und dass sie keine Scheu davor haben, ins Gebäude reinzufliegen. Das hätte ich nicht gedacht. Das Überraschendste war dann aber, dass sie so eine geringe Scheu vor dem Menschen haben, dass sie sogar auf einem drauf landen. Und dass dann teilweise acht bis neun Stare auf einem Menschen sitzen. Das hat mich am meisten überrascht. Eigentlich hatten wir ja die Info, dass die Stare gar nicht mehr in Berlin seien, sondern eher außerhalb schlafen und nur tagsüber in die Stadt kommen. Wir haben dann tatsächlich durch einen Zufall herausgefunden, dass es einen Hof gibt, in dem ein Schwarm übernachtet. Ich hatte die Idee, den Kirchturm zu nutzen, um den Einflug am Abend zu filmen, und dabei ist mir dann aufgefallen, dass ungefähr ein Kilometer von dem kleinen Schlafplatz ein noch viel größerer war. Dann habe ich in stundenlanger Analyse über Google Maps gesehen, wo dieser Schlafplatz ist, und bin glücklicherweise direkt auf ein offenes Hoftor getroffen. Da war eine Wand mit Efeu, und so war der große Schlafplatz gefunden. Das war die größte Überraschung außerhalb des Bahnhofs, dass es tatsächlich noch Schlafplätze in Berlin gibt.

Am Nachmittag, wenn die Sonne unterging, was in Berlin im Winter bereits um kurz vor sechzehn Uhr der Fall ist, waren die Stare auf einen Schlag verschwunden. Bei Wolken, Schnee und Regen manchmal schon mittags. Wie sich herausstellte, flogen sie nicht aus der Stadt hinaus. Das hätte sie zu viel Energie gekostet, und außerdem gab eine Hauswand oder ein Baum an einer befahrenen großen Straße viel mehr Wärme ab. Bevor sie aber gemeinsam den Schlafplatz anvisierten, sammelten sie sich im Himmel und auf hohen Gebäuden oder nutzten, wie in unserem Fall, die Scheinwerfer im Mauerpark. Von hier formten sie wundersame Figuren über den Dächern des Prenzlauer Bergs und flogen plötzlich mit einem Schwung in einen Hinterhof ein.

Wir haben während unseres Drehs drei Schlafplätze in Berlin gefunden. Zwei im Prenzlauer Berg und einen in Kreuzberg. Bei allen dreien handelte es sich um mit Efeu zugewachsene Häuserwände. Im dichten Grün fanden die Stare Schutz und machten sich für die Nacht bereit. Insgesamt zählten wir an die 3000 Stare, die aus unterschiedlichen Richtungen zusammenfanden. Folgt man der Fachliteratur, sind die Tiere, die in großen Gruppen schlafen, meist nicht sesshafte Stare. Das heißt, sie fliegen für die Brutzeit aus der Stadt heraus und sind im Winter nur für das Futter und zum Schlafen vor Ort.

Ältere und ranghöhere Vögel platzieren sich in den oberen kargeren Lagen des Efeus. Obwohl es hier kälter ist und sie Energie einbüßen, vermeiden sie so die Gefahr der Verschmutzung durch massenhaft herabfallenden Kot. Dieser kann nämlich die Isolierfähigkeit des Gefieders stark mindern. Es ist für Stare äußerst wichtig, ihre Federn so sauber wie nur möglich zu halten. Verfilztes oder schmutziges Federkleid macht die Vögel anfälliger für Krankheiten und Angriffe von Greifvögeln. Stare sind besonders anfällig für Parasiten, darunter Zecken und Milben, die auch ihre Nester befallen. In einer Studie mit 300 Staren, die Anfang der 1950er-Jahre in sechs US-Bundesstaaten durchgeführt wurde, beherbergte jeder einzelne Vogel mindestens einen Parasiten: 95 Prozent hatten innere Parasiten, während praktisch alle äußere Parasiten hatten – Milben, Zecken oder Flöhe. Auch deshalb baden Stare regelmäßig und gerne. Sie nutzen Teiche, Pfützen und Vogelbäder. An warmen Sommer- oder Frühherbsttagen kommen sie manchmal zu zweit oder zu dritt an, oft aber auch in großen Schwärmen, wobei jeder Vogel mit seinen Mitbadegästen drängelt. Sie nutzen das Wasser auch zum Trinken, indem sie ihren Schnabel eintauchen und dann den Kopf heben, sodass das kostbare Nass in ihre Kehle fließt – denn wie andere Singvögel auch, können Stare nicht schlucken.

Eine ungewöhnliche Art, sich sauber zu halten, ist das »Ameisenbaden«, ein Vorgang, bei dem die Vögel eine aktive Ameisenkolonie finden, dann mehrere gleichzeitig mit ihrem Schnabel aufnehmen und sie zum »Abwischen» ihres Gefieders verwenden. Dies bringt die unglücklichen Ameisen dazu, Ameisensäure auszuscheiden, die zur Abwehr eventueller Ektoparasiten dienen könnte. Seltsamerweise haben Forscher jedoch gezeigt, dass Ameisenbefall offenbar überhaupt keinen Einfluss auf das Vorhandensein oder das Fehlen von Parasiten hat. Nun gibt es neue Stimmen, die vermuten, dass die Stare einfach das Gefühl gut finden – es ist so etwas wie eine Spa-Behandlung. Aber es gibt auch das Putzen auf konventionelle Weise, indem die Stare ihre Schnäbel zum Reinigen ihrer Federn oder ihre Füße zum Kratzen verwenden. Einige soziale Star-Arten putzen sich gegenseitig. Die romantischste aller Möglichkeiten.

Sechzehn Stunden verbringt die Kolonie im Efeu an kalten, langen Nächten und Tagen, und der Schlaf ist im Winter so tief, dass die Vögel nachts eine einfache Beute für potenzielle Fressfeinde sind. Ihre Schlafplätze teilen sie in der Stadt gern mit Amseln, Sperlingen, Grünfinken und Co., auf dem Land, wo sie oft in ausgedehnten Schilfgürteln schlafen, vergesellschaften sie sich im Herbst mit Schwalben. Je größer die Gruppe, desto sicherer.

An einem seiner zahlreichen Drehabende wartete Stephan wieder auf die Ankunft der Stare im Prenzlauer Berg. Als sie im großen Efeu des Hinterhofs gelandet waren und sich noch laut unterhielten, fiel Stephan ein Habicht auf, der es auf die Stare abgesehen hatte. Er saß gemütlich auf einem Ast und wartete auf seine Chance. Plötzlich flog er auf den Efeu zu und versuchte, sich die äußeren Vögel zu greifen. Es waren zu diesem Zeitpunkt bestimmt 500 Tiere im Busch. Doch es gelang dem Greifvogel nicht, einen einzigen zu bekommen. Nach mehreren erfolglosen Anflügen wurde er von zwei Nebelkrähen verscheucht. Ein eindrücklicher Beweis, wie gut der Plan der Stare aufgeht: In der Gruppe sind sie sicher.

Mit ihren Flugmanövern vor dem Einfallen an Schlaf- und Sammelplätzen markieren die Vögel ihre Großstadtschlafplätze. Hier treffen sich ortskundige und ziehende Stare sowie Jungtiere, um Informationen auszutauschen. Die sedentäre, also ansässige Population der Ur-Berliner Stare sucht derweil häufig abseits der Massenschlafplätze einzelne Baumhöhlen, Dachvorsprünge oder Nistkästen auf. Bei Kälteeinbrüchen können durchaus auch zwei bis sieben, oder sogar elf Stare gemeinsam in einem Nistkasten nächtigend gefunden werden.

Bei der Planung unseres Films war schnell klar: Neben dem Star in Berlin, den Staren am Alex und der Frage, warum die Vögel nicht mehr in den Süden fliegen, sollte ein zweiter Aspekt Teil unseres Filmes werden: das Leben auf dem Land; der krasse Kontrast zum Berliner Grau. Solche Gegensätze sind auch filmisch interessant, und für den Star passte es hervorragend, denn die Alex-Stare sollten ja angeblich nur im Winter in Berlin sein. Wo also waren sie im Sommer? Das Thema Stadt und Land erschien uns auch dahingehend spannend, als dass wir gar nicht wussten, ob der vermeintliche Kontrast »heile Welt« auf dem Land und »Großstadt-Chaos« so für die Vögel überhaupt noch existiert. Immer mehr Tierarten scheinen zu Kompromissen bereit zu sein – oder gezwungen zu werden, da sie weder hier noch dort optimale Lebensbedingungen finden. Das wollten wir uns genauer anschauen.

Die Tendenz, dass immer mehr Tiere in die Städte kommen, weil sich ihre Lebensgrundlagen auf dem Land erheblich verschlechtern, ist in Berlin besonders zu beobachten. Ich erinnere mich an die vielen, vielen Füchse in der Stadt, die mich schon immer begleiteten, wenn ich nachts aus einer Bar oder einem Club nach Hause ging. Fast handzahm trotteten sie neben mir her, immer wachsam, ob von meinem nächtlichen Snack nicht doch noch ein Happen abfiel. Auch Graureiher, Kormorane und viele Möwenarten haben es sich längst in Berlin bequem gemacht. Und die Habichtdichte ist in der Hauptstadt so hoch wie nirgends in Deutschland.

Vielleicht finden die Stadttiere es in Berlin gar nicht so schön, sondern es ist vielmehr ein Kompromiss, weil es auf dem Land zunehmend schwieriger wird, zu überleben. Die Tierwelt ist im Wandel, und so richtig untersucht hatte das in Bezug auf die Stare noch niemand. Wir wollten diese Fragen in unserem Film stellen und die Stare im Jahresverlauf begleiten, sowohl am Alex als auch in Brandenburg.

Ich hatte einen Nistkasten bei mir im Hof, direkt am alten Schweinestall, über Wochen beobachtet und war mir sicher, dass dort eine quicklebendige Starenfamilie hauste. Mit Karsten, einem Beringer und Vogelschützer vom Nabu in Berlin, wollten wir für unseren Film eine Brut Stare bei mir im Hof beringen. Vorab schilderte Karsten in eindrucksvollen O-Tönen, dass es dem einstigen »Allerweltsvogel« Star auch auf dem Land immer schlechter gehe, dass sich aber in der Fachwelt der Vögel niemand so richtig dafür zu interessieren scheint, da man mit der Art eben nichts gewinnen kann. Zu häufig, zu alltäglich. Das alte Spiel, wir kannten es schon – das schleichende Abnehmen von Populationen wird achselzuckend hingenommen.

Als wir den Nistkasten öffneten, damit Karsten die Jungen wiegen, vermessen und beringen kann, war die Überraschung groß: Nur ein kleiner Star saß einsam und allein im Nest. Lebendig und guter Dinge, aber eben allein. Ein seltsamer Anblick, gerade bei so einer geselligen und sozialen Vogelart. Was war passiert? Karsten war sich sicher, dass es an der fehlenden Nahrung lag. Er erklärte uns, dass die Stare hier durch unsere Nistkästen zwar genügend sichere Bruthöhlen vorfinden, dass es aber einfach nicht ausreichend Insekten zum Überleben einer vollständigen Brut von fünf Jungen gibt. Wenn ich überlege, dass unsere Wiese hinter dem Haus eine der letzten intakten und alten Streuobstwiesen im Dorf ist, dass es außer der wenigen Pferde unserer Nachbarn keine weitere Viehhaltung im Dorf gibt und dass fast jeder Hof und jeder Garten sauber gepflastert und mit englischem Rasen versehen ist – wo sollten die ganzen Insekten, die viele hungrige Schnäbel einfordern, auch herkommen? Gar nicht zu sprechen von den konventionellen Landwirtschaftsflächen, die unser Dorf und alle Dörfer in der unmittelbaren Umgebung umgeben. Wilde Wiesen, auf denen es summt und brummt, sucht man heutzutage vergebens.

Die Zeiten, in denen Stare in zwei Bruten im Jahr mehrere Jungvögel durchbekommen haben, scheinen offenbar vorbei zu sein. Der kleine Star, der uns mit großen Augen ansah und der letztlich einen Ring von Karsten bekam, war der traurige Beweis dafür. Im »Glutz«, dem *Handbuch der Vögel Mitteleuropas*, las ich später einen Satz, der unsere Vermutung leider bestätigte: »Aus Bruten des Stars in mit Pestiziden behandeltem Ackerland flog im Vergleich zu einem weitgehend pestizidfreien Gebiet im Mittel ein Jungvogel weniger aus.« Die Untersuchung dazu ist aus dem Jahr 1965; wir können also davon ausgehen, dass sich diese Zahlen erhöht haben. Denn pestizidfreie Gebiete gibt es um unsere Dörfer herum heutzutage kaum noch.

Weitere Teile unseres Films drehten wir bei mir in Brandenburg auf dem Hof. Warum in die Ferne schweifen und die Dinge verkomplizieren? Als wir sympathische Stichwortgeber auf dem Land suchten, lag das Gute sehr nah – ich fragte unsere Nachbarn. 2019 waren zwei Familien mit insgesamt fünf Kindern nach nebenan auf einen ehemaligen Reiterhof gezogen und hatten zu meiner Freude einige Pferde von ihren Vorgängern übernommen. Auch wenn ich selbst nicht reite, so weiß ich, wie unglaublich wertvoll es für die Artenvielfalt ist, wenn auf den Weiden und Koppeln im Dorf Pferde stehen. Ohne Pferde oder andere große Nutztiere fehlen die Fliegen; es fehlen große Insekten wie Mistkäfer, und auch Heuschrecke und Co. profitieren von den Wiesen und Weiden, die ohne die Nutzung durch die Pferdehaltung längst Äcker wären. Ohne Insekten. Ich bemerkte schnell: Während es auf den umliegenden Äckern still war, tobte auf der Pferdekoppel das Leben. Schafstelzen, Feldsperlinge, Schwarzkehlchen, Grauammern und der Wiedehopf suchten die Nähe zu den Vierbeinern. Und natürlich Stare. Bald war klar, dass ich auch auf ihrer Pferdekoppel Starenkäste aufhängen durfte – für unseren Film, aber in erster Linie natürlich für die Vögel selbst. Ohne die Pferdehaltung meiner Nachbarn gäbe es womöglich heute auch in unserem Dorf kaum noch Stare. Die singenden Stare im Sonnenaufgang auf der Pferdekoppel, die wir schließlich für unseren Film drehen konnten, stehen für mich symbolisch für das Glück, das ich empfinde, dass so tolle Menschen meine Nachbarn geworden sind.

Von oben: Philipp bei minus 12 Grad mit einem Star auf der Schulter, Stephan Schulz mitten zwischen den Staren im S-Bahnhof, Antonia und Fridolin Schöpper auf dem Alexanderplatz und Stare auf dem Weihnachtsmarkt.

DER STAR *UND SEIN JIZZ*

Auf dem Weg zu meinen Kreuzberger Mutter-Freundinnen schob ich, wie jeden Samstag, den Kinderwagen über den Alexanderplatz in Richtung Fischerinsel in Berlin-Mitte. Es war berlinerisch kalt und grau, und ich lief warm eingepackt mit dem schlafenden Kind eine Stunde stramm durch die Stadt. Natürlich alles genau auf die Schlafenszeit meiner Tochter abgestimmt.

Es muss Herbst oder Winter 2012 gewesen sein, und ich überquerte die Fischerinsel in der Mitte entlang in Richtung Heinrich-Heine-Straße, als ich aus der Ferne auf einer kleinen Wiese mehrere dunkle Vögel sah. Ich war erstaunt. Noch nie hatte ich so gesellige Amselmännchen erlebt, und irgendetwas schien mir anders an diesen Drosseln. Ihre Bewegungen waren rastloser, sie schienen sich eher zu unterhalten als zu singen, und auch der bekannte Bodenwarnruf der Amsel blieb aus, als ich mich ihnen näherte. Unauffällig, so dachte ich, blieb ich neben der Wiese stehen, um sie genauer zu betrachten. Diese Vögel waren etwas kleiner als Amseln. Gedrungener mit einem kürzeren Schwanz. Ihr Kopf war spitzer, der Schnabel länger, und das Federkleid schien schimmernd weiß gefleckt. In der Sonne blitzte ihre Brust mal metallisch grün, mal lila.

Ich kann mich noch genau erinnern, wie aufgeregt ich war. Was waren das für exotische Vögel – waren sie auf der Durchreise hier in der Stadt gestrandet? Hatte ich sie zuerst entdeckt, und wem musste ich Bescheid geben, dass in Berlin-Mitte ein Schwarm geheimnisvoller Vögel gelandet war? Außer meiner Mutter interessierte sich damals kaum jemand in meinem näheren Umfeld für Vögel. Philipp würde ich erst in zwei Jahren kennenlernen, und meine Freundinnen in Kreuzberg schauten mich später leicht amüsiert und mit absolutem Desinteresse an, um dann weiter über die Väter unserer Babys abzulästern.

Heute weiß ich, dass der Star bei vielen Mitmenschen eine ähnliche Reaktion hervorruft. Viele erkennen den Star nicht sofort. Sie wissen womöglich, wie ein Schwarm im Himmel aussieht, aber das einzelne Tier ist eher unbekannt. Philipp und ich wurden schon häufig auf einen geheimnisvollen, glänzend gesprenkelten Vogel angesprochen, häufig werden uns aufgeregte Videos geschickt – und meist ist *Sturnus vulgaris* gemeint. Eine weitere Schwierigkeit bei der Bestimmung ist, dass Stare zu den verschiedenen Jahreszeiten anders aussehen. Wer den Star einmal im Frühjahr und dann wieder im Herbst betrachtet, könnte denken, zwei verschiedene Vogelarten gesehen zu haben. Im Frühling zeigt er sich in einem dunklen, fast schwarzen Gefieder, das je nach Lichteinfall grün, blau oder violett glänzt. Sein Schnabel ist in der Brutzeit zitronengelb. Im Spätsommer mausert er sich dann. Der Schnabel ist nun bei Jung- und Altvögeln dunkel, doch das sogenannte Schlichtkleid ist alles andere als langweilig. Das Gefieder ist jetzt mit weißen Punkten überzogen, man nennt die Tiere in Fachkreisen zu dieser Jahreszeit deshalb auch »Perlstare«. Die »Perlen« stammen von den weißen Spitzen der neuen, sonst dunklen Federn. Im Laufe des Herbstes und Winters nutzen sich die Federn ab, werden dunkler, und die weißen Punkte verschwinden – sodass die Stare im Frühling und Frühsommer aufs Neue mit metallischem Glanz schwarz-grün, schwarz-blau und schwarz-bronzefarben schillern.

Wer sich jedoch ein wenig mit dem Star beschäftigt, braucht die Farbe des Federkleides nicht mehr zur Benennung. Seine Gesamterscheinung, Haltung und Körperform, Bewegungsmuster und Habitus reichen aus und schließen Verwechslungen mit einer anderen Art in Mitteleuropa fast aus. Das haben wir seinem sogenannten »Jizz« zu verdanken. Ein englisches Wort, welches in Birder-Kreisen immer mehr genutzt wird – auch in Deutschland.

Bevor ich weiterschreibe, schon einmal vorweg: Gibt man »Jizz« bei Google Translate ein, so wird der Ausdruck mit »Sperma« übersetzt. Bitte nicht wundern. Unser ornithologisches Vokabular ist noch nicht im nordkalifornischen Palo Alto angekommen. In der Vogelwelt wird über die Herkunft des Wortes »Jizz« oder »Gizz« immer noch viel spekuliert. Der früheste bekannte gedruckte Hinweis findet sich in Thomas Cowards Buch *Bird Haunts and Nature Memories*, das erstmals 1922 veröffentlicht wurde. Er widmet dem Begriff »Jizz« ein ganzes Kapitel und beschreibt ihn wie folgt: »Wenn wir auf der Straße gehen und weit voraus jemanden sehen, den wir erkennen, obwohl wir weder Gesichtszüge noch bestimmte Kleidungsstücke unterscheiden können, können wir sicher sein, dass wir uns nicht irren; es gibt etwas in der Art, wie er geht, das allgemeine Erscheinungsbild, das vertraut ist; es ist in der Tat der Jizz dieser Person.« Coward schrieb das Wort den Fischern an der Westküste Irlands zu, die auf die Frage, wie sie verschiedene wilde Tiere, die auf ihren Felsen oder an ihren Ufern lebten oder diese besuchten, auf einen Blick benennen könnten, mit den Worten »anhand ihres Jizz« antworteten.

Hätte ich 2012 den Starenjizz gekannt, hätte ich den Schwarm schon von Weitem bestimmen können. Wie es Stare eben so tun, schritten diese Vögel schnell und geschäftig mit nickenden Kopfbewegungen voran. Wie kleine Störche visierten sie den kurz gemähten Rasen stetig mit Blick auf den Boden an. Dabei hüpften sie selten und flogen auch für kurze Ortswechsel lieber. Sie pickten schnell in die Erde und sondierten, um dann die Oberfläche mit ihren spitzen Schnäbeln zu öffnen. In Fachkreisen nennt man das Zirkeln.

Dabei stoßen Stare mit geschlossenem Schnabel in eine Grasnarbe oder in Moos ein, öffnen den Schnabel weit, sodass eine Spalte entsteht, in der sie dann nach Essbarem stochern können. Dann greifen sie zu und heben den geschlossenen Schnabel, wie

Der Starenjizz: Mit ausgebreiteten Flügeln, aufwärtsgerichtetem Schnabel und herabgedrücktem Schwanz singt ein Star förmlich um sein Leben (oben). Das typische Zirkeln ist auch auf den Bahngleisen am S-Bahnhof Alexanderplatz zu beobachten (unten).

eine Pinzette. Dieses Fressverhalten stellt eine einzigartige und sehr effiziente Technik dar. Wenn sich der Schnabel öffnet, rollen die Augen der Stare beide nach vorne und ermöglichen so einen freien Blick auf den freigelegten Bereich. Möglich wird dies durch die besondere Muskulatur des Schnabels und die Form des Schädels, die es dem Star ermöglicht, den Boden zu sehen. Seine Augen können sich jedoch jederzeit nach hinten bewegen, sodass das Tier auch die Umgebungssituation stets unter Kontrolle behält.

Der Star ist praktisch ein Allesfresser und ernährt sich im Frühling und Sommer von Insekten, anderen Wirbellosen und manchmal kleinen Eidechsen oder Amphibien, während er im Rest des Jahres nach Früchten, Samen, Viehfutter, Pilzen und eben auch Döner sucht. Das Verdauungssystem passt sich der Nahrung an. So wird die Winternahrung langsamer verdaut als die energiereiche Nahrung im Sommer.

Die soziale Ader der Stare gehört unverkennbar auch zum Jizz der Vögel. Stare bleiben bei der Futtersuche, an Tagesruheplätzen, in Brutkolonien oder bei Ortsbewegungen zusammen. Ein einzelnes Individuum sieht man sehr selten. Umso mehr habe ich mich Anfang des Jahres gewundert, als ich – dieses Mal nicht in Berlin, sondern im Kölner Stadtwald – über Wochen hinweg einen Star sah, der allein auf einer hohen Buche am Wiesenrand saß, wo sich mein Freund und ich oft treffen. Wir beobachteten den Star, wie er zufrieden trällerte. Hier und da hörte man sein langgezogenes Pfeifen.

Männliche und weibliche Stare sind äußerlich kaum zu unterscheiden. Beide Geschlechter singen und kommunizieren überdies außerhalb der Brutsaison. Im März allerdingst konnte ich den Kölner Star dann schnell als Männchen identifizieren, denn der laute hohe Ton des Rufs war unverkennbar. Die Balz hatte begonnen, und der Junggeselle schrie laut, lang und hochfrequent. Mit ausgebreiteten Flügeln, aufwärts gerichtetem Schnabel und herabgedrücktem Schwanz sang er förmlich um sein Leben. Seitlich sah er aus wie ein kleiner Buckliger, der mit abstehenden Federn auf einem prominenten Ansitz Platz genommen hatte, um Weibchen anzulocken und seine Bruthöhlen zu präsentieren.

Die weißen Perlen des Winterkleides waren verschwunden, und zurück war ein schwarz glänzendes, metallisch schimmerndes stolzes Männchen geblieben. Er sah aus, als hätte man ihn mit Öl eingerieben. Mit dem Fernglas sah ich, dass sein Schnabel leuchtend gelb war und an der Basis bläulich schimmerte. Bei den Weibchen, die interessiert angeflogen kamen, war er genauso zitronengelb, jedoch an der Basis eher rötlich. In der Brutzeit hatten die ebenso schwarzen Schönheiten ihren Gesang ganz eingestellt.

Natürlich gehört auch das Flugbild von *Sturnus vulgaris* zu seinem Jizz. Seine Körperform wirkt mit den dreieckigen Flügeln und dem kurzen Schwanz fast wie ein Kreuz, schaut man gen Himmel. Doch das alles ist sowieso völlig nebensächlich im Frühling und Spätsommer, wenn sich die Stare sammeln und umherfliegen. Denn die Formationsflüge der Stare sind mit Abstand ihr bekanntester Jizz.

Der Starenjizz am Boden: Der Vogel schreitet aufgerichtet, mit nickenden Kopfbewegungen, und hält nach Essbarem Ausschau.

Junge Stare schließen sich im Sommer zu Jugendbanden zusammen und ziehen gemeinsam über die Lande. Grasende Rinder scheinen sie magisch anzuziehen – denn wo Vieh grast, gibt es meist etwas für die Stare zu holen: Parasiten im Fell, Larven im Misthaufen (oben und Mitte).
Typisch für Stare ist die Eigenart, vor dem eigentlichen Nestbau bunte Blüten oder Blätter in die Nisthöhle einzutragen – weshalb genau, ist noch nicht abschließend erforscht. Manche sagen, es festige die Bindung zwischen dem Paar und jene zum Nistplatz (unten).

Auge in Auge mit einem Star: Die Begegnung im Brandenburger Garten war für Philipp ein prägendes Erlebnis. Für den Star auch, schließlich wurde ihm gerade das Leben gerettet.

DER STAR *UND PHILIPP*

Es ist September, und ich sehe täglich Stare auf den Äckern. Oft im Vorbeifahren; wenn man dann etwas zu nah kommt, erhebt sich der kleine Schwarm kurz und landet einige Meter entfernt wieder auf dem Feld. An Autos aber stören sie sich meist nicht. Wenn sie sich in die Luft erheben, schimmert es kurz im Herbstsonnenlicht, es flimmert nahezu, in etwa vergleichbar mit einem Hitzeflimmern, ausgelöst durch unzählige Flügelpaare, die sich schnell in die Luft heben, flattern und prompt wieder anhalten. Die Flügel, besonders die Unterflügel, sind heller als die Oberseite der Vögel; daher kommt dieses Flackern zustande. Man muss manchmal ganz genau hingucken, denn die hauptsächliche Farbe der diesjährigen Stare gleicht exakt der Farbe der frisch umgebrochenen Erde, auf der sie gemeinsam nach Essbarem suchen.

Früher wären sie mir nicht so sehr aufgefallen. Heute gehören sie zum Brandenburger Hochsommer, zum Spätsommer, auf jeden Fall zu den Monaten August und September. Sie begleiten mich, subtil und unaufdringlich. Manchmal ist es auch nur ein kleiner Schwarm im Augenwinkel, der durchs Bild fliegt. Manchmal einzelne Tiere, die auf einer Wiese laufen und nach Nahrung suchen. Zu einer bestimmten Zeit im Sommer höre ich es Abend für Abend erst rauschen, dann, wenige Sekunden später, ziehen Hunderte Stare in südöstliche Richtung über meinen Hof und Garten hinweg Richtung Schlafplatz. Dass sich der Himmel »schwarz vor Staren« färbt, wie es die Alten hier auf dem Land erzählen, das habe ich nicht mehr erlebt. Und werde ich wohl auch nicht mehr erleben. Die großen, nie endenden Wolken, die sich im Sommer im Schilf sammeln, über die Lande ziehen, bis sie plötzlich von heut auf morgen verschwunden sind – kurz vor dem ersten harten Frost –, die kenne ich nur aus Erzählungen. Dass die Schwärme, die ich hier sehe, nur ein kleiner Bruchteil dessen sind, was hier noch vor nicht allzu langer Zeit das Bild am Ende des Sommers bestimmt haben muss, ist kaum vorstellbar. Und es schmerzt.

Wie kam der Star in mein Leben? Ich bin vor einigen Jahren mit Mann und Hund aus Berlin aufs Land gezogen. Wir kauften den alten Resthof im November 2016, und ich werde nie vergessen, wie wir in der dunklen Bauernküche am Tisch saßen und letzte Dinge mit den Vorbesitzern besprachen, bevor es zum Notar ging. Da wohnten wir noch in Berlin, und es war noch völlig unklar, ob wir jemals ganz aufs Land ziehen würden. Dann passierte es aber fast wie von allein: Wir machten das alte Haus zu unserem Zuhause. Steckten Arbeit und Emotionen hinein. Entscheidungen. Je mehr man davon in so ein altes Gemäuer steckt, desto mehr öffnet es sich, umarmt einen und wird zur Heimat. Unerwartet, heimlich und dann irgendwann ist die Kälte der alten Mauern einer Wärme gewichen, die bis heute anhält. Bis dahin wurde gestritten, aber meistens gelacht. Ich war bockig, ich war fröhlich, ich spürte von Anfang an: Hier will ich alt werden. Ich zweifelte, war einsam und voller Tatendrang. Das alles zusammen ließ mich so lebendig werden – das hätte keine andere Entscheidung so geschafft wie diese. Wenn ich heute gefragt werde, wie lange ich hier schon wohne, nenne ich meist 2020 als Datum. Es war der erste Corona-Sommer, und nach dem Lockdown im Frühling, den wir auf dem Land verbrachten und in dem wir das Stadtleben keine Sekunde lang vermissten, beschlossen wir, diesen Ort komplett gegen unser Kreuzberger und Neuköllner Großstadtleben einzutauschen.

Die erste ganz nahe Begegnung mit einem Star hatte ich an einem heißen Sommertag in Brandenburg. Es muss so 2019 gewesen sein. Wir lebten noch nicht vollständig auf dem Land, verbrachten aber viel Zeit im Garten und auf dem Hof; auch um zu gucken, ob dieses Leben überhaupt etwas für uns sein könnte. Ein vorsichtiges Herantasten. Zeit verbringen, die Leute im Dorf grüßen, ein Nicken vermissen, weiter grüßen, sich vornehmen: weitermachen. Wollen wir das? Waren wir Landvögel? Waren wir Stadtvögel? Oder wollten wir umherziehen, beides genießen? Es war eine aufregende Zeit für uns.

Ich saß also hinten am alten Backhaus, damals noch mit einem alten Zaun, der heute einem schicken Staketenzaun gewichen ist, und hörte, wie jemand meinen Namen rief. Unsere neue Nachbarin Alexa kam aufgeregt zu uns herüber und hatte etwas in der Hand. Es war ein Star, eingewickelt in ein Küchenhandtuch. Sie hatte ihn mit ihrer Tochter gefunden, er hatte sich in einem Netz im Kirschbaum verfangen. Nicht bei ihnen, sondern auf einem anderen Grundstück im Dorf. Traurig und bereit, zu sterben, hing der arme Vogel kopfüber in dem grünen, feinmaschigen Netz. Diese Netze, die das Obst vor Vögeln schützen sollen, werden oft zur Todesfalle. Ich kenne sie gut; in meiner Kindheit waren sie noch gängiger, aber mit dem seltener werdenden Obstbau in den Dörfern ging auch die Verwendung dieser Netze zurück. Obst gab es längst billiger im Discounter; niemand war mehr abhängig von den Erträgen der Bäume, Streuobstwiesen verschwanden, aber in unserem Dorf war die Selbstversorgung bei einigen älteren Leuten bis zu einem bestimmten Grad noch immer gang und gäbe. Ein Überbleibsel aus den DDR-Zeiten. Und somit eben auch die grünen Netze. Unser Star hatte Glück, dass er entdeckt wurde. Dass ich im Dorf »der Vogelmann« war, hatte sich schnell herumgesprochen. Ich befreite das Tier von den Resten des Netzes, und wir schauten genau nach, ob er verletzt war. Ich hielt ihn in der Hand, er war ganz warm. Was für ein glitzerndes Tier! Diese Schönheit war umwerfend, war fast schon respektlos, wie die Rapperin Shirin David sagen würde. Respektlos schön! Sein Herz pochte laut, ich konnte es an meinem Daumen spüren. Ich hielt ihn fest, aber nicht zu fest in meiner Hand, eben

Wo früher eine sterile, grüne Rasenfläche war, blüht, summt und tschilpt es heute. Nach und nach entsteht auf Philipps altem Hof in Brandenburg ein Naturgarten, der Lebensraum für unzählige Insekten und Vögel ist.

so, wie man Vögel mit etwas Erfahrung hält. Nachdem wir ihn untersucht hatten, ließ ich ihn fliegen in Richtung unserer alten Obstwiese, die direkt hinter dem Garten lag. Weg war er.

Unverhofft hat mich der Vogel in seinen Bann gezogen, so wie es nur Vögel bei mir vermögen; eben noch an etwas völlig anderes gedacht, sind sie plötzlich da und zeigen einem, wie wunderschön die Welt ist, die uns umgibt. Und wie verletzlich. Dieser erste, intime Moment war der Anfang einer besonderen Freundschaft zwischen mir und den Staren.

Die zweite bewusste Begegnung mit Staren, die etwas nachhaltig in mir auslöste, hat auch mit unserer alten Obstwiese zu tun. Stare sind Generalisten; sie nisten in alten Mauerlöchern, in Nistkästen, in Ampeln, in Straßenschildern, in alten Spechthöhlen. Hauptsache, es gibt einen hohlen Innenraum, denn sie sind Höhlenbrüter. Mir war bereits in einem unserer ersten Frühjahre auf dem Land aufgefallen, dass sich auf der alten Obstwiese hinter dem eigentlichen Garten etliche Vogelarten tummelten. Diese Wiese war auch ein Grund, den Hof damals zu kaufen. Wir sagten uns, selbst wenn wir das alte Gemäuer vor lauter Schwamm und Schimmel hätten abreißen müssen; allein diese Wiese wäre es wert gewesen. Man liest und hört viel über Streuobstwiesen; es gibt Förderprogramme, um neue anzulegen; doch eine alte Streuobstwiese kann so schnell keine Neupflanzung ersetzen. Streuobstwiesen sind teils jahrhundertelang gewachsene Organismen, deren Bewohner so gut aufeinander abgestimmt sind, dass sie ohne einander gar nicht richtig existieren können. Insekten, Schnecken, Igel, Vögel, jeder hat seinen Platz in der Obstwiese. Ich, als Kind des Westens und Kind der 1990er, kannte diese Wiesen kaum noch, ich erlebte aber, wie sie verschwanden: In meinem niedersächsischen Heimatort zum Beispiel musste eine alte Streuobstwiese einem Busbahnhof weichen; sie gehörte zum Krankenhaus, das sich natürlich längst nicht mehr selbst versorgte.

Ich erinnere mich sogar noch an katholische Nonnen, die ganz in Schwarz-Weiß gekleidet in den Bäumen saßen und Äpfel ernteten. Streuobstwiesen waren früher nicht wegzudenken aus unserem Kulturland; sie versorgten ganz nebenbei ganze Dörfer mit Obst und waren gleichzeitig Weideland für Vieh oder lieferten Heu für den Winter. Als wir also unseren Hof in Brandenburg kauften, verliebte ich mich direkt in dieses Biotop mit seinen knorrigen Birnbäumen, alten Apfelbäumen und Kirschbäumen. Und ein paar wilde Ecken mit Eichen und Birken, in denen der Pirol sang.

Eines Frühlingstages also, im Mai, sah ich durch Zufall balzende Stare auf unserer Obstwiese. Das Bild hat sich in mein Gehirn gebrannt, weil es schöner kaum gemalt werden könnte: Ein Starenmännchen sitzt auf einem blühenden Zweig eines alten, knorrigen Birnbaums und singt in der Sonne. Die Blüten der Birnen sind weiß, aber mit einem rosa Schimmer. Dieses Bild hat sich so festgesetzt, dass ich es später in das Treatment für unseren Film schrieb, mit der festen Absicht, es zu drehen und in den Film einzubauen. Das klappte zwar nicht ganz genau so, aber fast.

Jahr für Jahr warte ich nun auf die Rückkehr der Stare auf unsere Obstwiese, und es verging bisher keins, in dem nicht eine Starenfamilie eben jenen alten Birnbaum bewohnte und dort erfolgreich brütete – allen Nistkästen und künstlichem Wohnraum, den ich geschaffen hatte, zum Trotz. Die Vögel lieben den langsam faulenden, alten Stamm; im vergangenen Jahr hat neben den Staren auch ein Pärchen Blaumeisen im alten Birnbaum genistet, und jedes Jahr bietet er Unterschlupf für ein Volk Hornissen. Das schaffen nur Streuobstwiesen! Der Baum trägt schon lange nicht mehr; andere Leute hätten ihn längst gefällt. Ich wage zu behaupten, dass die Früchte, die er nun als alter, kaputter Baum trägt, viel wertvoller sind als alle Birnen zusammen, die je an ihm gereift sind: unzählige Insekten, viele Generationen Stare, Meisen, Feldsperlinge; Ohrenkneifer, Ameisen, Wespen. Der Baum, der zur Hälfte scheinbar tot ist, ist voller Leben. Ein Paradebeispiel für eben jene Strukturen, die alte Obstwiesen so schützenswert und unersetzlich machen. In unserem Dorf gibt es sie kaum noch, aber auf vielen Grundstücken zeugen einzelne alte Bäume davon, dass es auch dort diese Art der Bewirtschaftung lange Zeit einmal gegeben haben muss.

DER STAR
WELTWEIT

Philipp

Antonia und ich machten uns im Mai 2024 auf den Weg, um mehr über die Vogelart *Sturnus vulgaris* und andere Stare zu erfahren. Um eine Vogelart begreifen zu können, kann es zunächst einmal lohnend sein, in die Vergangenheit zu schauen. So beschlossen wir, dass eine unserer Reisen an einen der bedeutendsten Orte der Naturgeschichte in Europa gehen soll: ins Museum für Naturkunde in Berlin. Mit mehr als 30 Millionen Objekten ist es das größte Naturkundemuseum in Deutschland.

Die Vogelsammlung des Museums für Naturkunde wird zu den bedeutendsten Sammlungen ihrer Art weltweit gezählt, was allerdings auch auf seine Geschichte zurückzuführen ist: Zu Zeiten des deutschen Kolonialismus in Afrika und Ostasien wurde auch im Bereich der Naturkunde geplündert und gemordet; viele Belege aus der Zeit sind noch heute zu beschauen. Der Begriff »Sammeln«, der häufig bezogen auf die Vogelarten, ihre Bälge und Präparate verwendet wird, ist oft ein Euphemismus: Natürlich wurde nicht einfach gesammelt, natürlich wurde gezielt gejagt.

Mit circa 200 000 Objekten ist die Vogelsammlung heute in jedem Falle die größte in Deutschland; den Großteil davon machen nicht die bekannten Präparate aus, sondern etwa 140 000 Bälge, die in Schubladen aufbewahrt werden. Als Bälge bezeichnet man in der Ornithologie die Haut eines Vogels mit Schnabel, Gefieder, Beinen und Füßen. Bälge lassen sich gut lagern. Deshalb sind sie für die Forschung in Museen besonders interessant. Außerdem kann man an Bälgen besser arbeiten als an einem ausgestopften Tier. Die Sammlung von Vogelbälgen ist größtenteils nicht öffentlich zugänglich, sondern dient der Forschung. Die Bälge schlummern in ihren Schubladen und Kästen »backstage« im Museum, und Antonia und ich hatten das große Glück, eine kleine Tour durch diese verborgene Welt zu bekommen.

Wir trafen Pascal Eckhoff, den Sammlungspfleger der Vogelsammlung, Hüter der Bälge, Nester und Eier. Ein Vogelforscher mit Funkeln in den Augen; die Gänge und Zimmerchen, dunklen Flure, Labore und Kammern im Museum sind seine Welt. Als er uns von der Pforte abholte, Treppen hinauf und hinab führte, in Hinterzimmer und wieder hinaus, mal durch Räume mit Besuchern und oft ohne, dachte ich zunächst, er will uns absichtlich verwirren, damit wir niemals wieder im Leben alleine seine Schatzkammern finden. Ein bisschen kam es mir vor wie in Hogwarts, mit Treppen, die verschwinden, und kleinen Eingängen zu verborgenen Kammern. Doch die leuchtende Neonröhre, die in seinem Büro von der Decke strahlt, holte mich schnell wieder ins Hier und Jetzt. Pascal erzählte, er sei über kleinere Umwege zu seinem heutigen Traumjob gekommen. Eigentlich hatte er Präparator gelernt und auch in diesem Bereich gearbeitet. Er liebt Vögel, seit er denken kann. Neben seinem Büro befinden sich die Archive und Kammern, in denen die Starenbälge schlummern. »Na, dann kommt mal mit!«, lud er uns ein. Wir folgten. Nebenan öffnete er eine Schublade nach der anderen in den deckenhohen Schränken. Darin liegen Stare, tote Stare, natürlich Bälge, teilweise 100 Jahre alt und älter. An ihren Füßchen hängen kleine handgeschriebene Zettel, die Fundort, Finder und Jahr verraten.

In meiner Kindheit las ich manchmal tagelang in Vogelbüchern; ich hatte um die 50 Bestimmungsbücher und andere Werke in meinem Zimmer. Vögel waren mein ein und alles. Einige Arten lösten in mir immer etwas ganz Besonderes aus; es waren die bunten Bienenfresser, der gelbe Pirol, der Eisvogel, die Blauracke – Vögel, die durch ihr besonderes Gefieder nicht ansatzweise so wirken, als seien sie bei uns heimisch. Sie brachten Faszination und Sehnsucht, vielleicht auch Fernweh in mein Kinderzimmer. In meinem liebsten Vogelbuch, *Pareys Vogelbuch* nämlich, fielen mir schon damals die drei europäischen Stare auf. Besonders einer, der durch seine Färbung einzigartig ist: Der Rosenstar, *Sturnus roseus*, manchmal auch *Pastor roseus*, sollte angeblich auch bei uns in Europa heimisch sein. Nun muss man dazu sagen, dass Pareys Vogelbuch den Untertitel »Alle Vögel Europas, Nordafrikas und des Mittleren Ostens« hat – und bei genauerer Betrachtung auf der kleinen Landkarte links des Beschreibungstextes fiel mir auf, dass der Rosenstar seine westliche Verbreitungsgrenze am Schwarzen Meer hatte. Heute weiß ich, dass der Rosenstar eine mittelasiatische Art ist, die zur Brutzeit in Halbwüsten und Steppen in Tadschikistan, Usbekistan und Kasachstan lebt, während seine Überwinterungsgebiete in Indien liegen. Wie kann ein Vogel so wunderschön sein – wie ein Star, aber mit einem rosa Mäntelchen an, und zur Brutsaison mit einem langen Schopf? Bis heute hatte ich noch keinen Rosenstar gesehen. Bis jetzt.

Neben *Sturnus vulgaris* und *Sturnus roseus* gibt es eine dritte europäische Starenart: *Sturnus unicolor*, was man sogar übersetzen kann, wenn man kein Latein in der Schule hatte: Einfarbstar. Es kann gut sein, dass ich den Einfarbstar schon mal gesehen habe, denn er kommt auf der Iberischen Halbinsel vor, also in Spanien und Portugal – und dort bin ich ziemlich oft gewesen; ein Jahr lebte ich sogar in Galicien. Ich liebe den Norden Spaniens. Es kann sein, dass ich die Einfarbstare, die ich dort sah, für Stare hielt, denn auf die Entfernung ähneln sich die beiden Arten sehr. Der Einfarbstar ist weniger glänzend; das grüne und lila Schimmern, das unsere Stare ausmacht, fehlt ihm. Sein Federkleid wirkt stumpfer, eintöniger, na eben einfarbig, wie sein Name bereits aussagt. Das Spannende ist, dass der Einfarbstar den Star auf der Iberischen Halbinsel praktisch ersetzt. Er ist dort Brutvogel, unser Star nicht, es gibt quasi keine Überschneidungen. Beziehungsweise gab, denn in letzter Zeit sollen sich beide Arten angeblich ausbreiten, so habe ich gelesen.

Sturnus vulgaris, also unser Star, ist zusammen mit dem Haussperling bei der Besiedlung großer Teile der Welt, darunter Gebiete in Afrika, Australien und Südamerika, sehr erfolgreich gewesen. Einige Populationen, beispielsweise die in der argentinischen Hauptstadt Buenos Aires, wo die Art 1987 eingeführt wurde, sind immer noch ziemlich zentralisiert, obwohl sich die Art dennoch mit einer Geschwindigkeit von etwa 20 Kilometern pro Jahr ausbreitet. Andernorts auf der Welt haben sich Stare weit von ihrem ursprünglichen Ankunftsort entfernt, zum Beispiel in Südafrika. Europäische Stare wurden irgendwann zwischen 1897 und 1899 von Großbritannien nach Südafrika gebracht. Bald begannen sich die Stare auszubreiten, heute sind sie die häufigste Art in den großen Städten und haben es bis nach Namibia geschafft. Noch früher, im Jahr 1856 oder 1857 wurden Stare in Melbourne freigelassen und wenig später auch in Victoria, South Wales, Queensland und Tasmanien. Auch in Australien brauchten die Briten anscheinend ihre Vögel, um sich in dem kolonisierten Kontinent wohlfühlen zu können. Und schon 1920, nur ein halbes Jahrhundert später, hatten die ausgewilderten Stare den Osten Australiens für sich eingenommen. Heute bevölkern sie den südlichen und östlichen Teil des Landes sowie Tasmanien – nur Westaustralien gilt es noch zu erobern. Die Australier werden es ihnen schwer machen, das steht fest. *Sturnus vulgaris* ist Down Under ebenso unbeliebt wie in den USA.

Das abgelegenste und am weitesten entfernte Gebiet der Welt, in dem unsere Stare vorkommen, ist Neuseeland. Und auch hier ist der Vogel unerwünscht. Wer hätte gedacht, dass wir ein Buch über einen so unbeliebten Vogel schreiben, fragen wir uns, als wir mit Pascal Eckhoff vor den riesigen Regalen mit unzähligen Schubfächern des Naturkundemuseums stehen. Von 1862 bis 1883 wurden die Vögel nach Neuseeland gebracht, um als Schädlingsbekämpfer zu fungieren, und in den 1920er-Jahren waren sie überall. Mehr als 160 Jahre nachdem der Star zum ersten Mal neuseeländischen Boden betrat, nehmen die Behörden seine Präsenz nun sehr ernst. Ein nationales Programm zur Ausrottung invasiver Säugetierarten in den nächsten etwa zwei Jahrzehnten – »Predator Free 2050« – hat nahezu allgemeine öffentliche Unterstützung gefunden, und nicht heimische Vögel könnten als Nächstes dran sein.

Als Pascal eine Schublade nach der anderen aufzieht und unterschiedliche Stare beziehungsweise Bälge zum Vorschein kommen, wird uns die große Familie der *Sturnidae* bewusst, also der Starenvögel. Die Abgrenzung von Arten ist dynamisch und kann sich mit dem Stand der Wissenschaften verändern; heute werden aber gemeinhin etwa 110 noch existierende Arten in 26 Gattungen weltweit zur Familie *Sturnidae* gezählt. Zum Vergleich: Meisenarten gibt es weltweit in etwa halb so viele, Sperlinge gibt es knapp 40 Arten in ihrer Familie *Passeridae*. In der Vogelwelt haben die Arten innerhalb einer Familie meist vieles gemeinsam. Bei der *Sturnidae*-Familie ist das beispielsweise der schlanke, meist gerade Schnabel, das vorwiegend schwarze Gefieder bei den meisten Arten und die Eigenart, gute Imitatoren zu sein.

Der bekannteste Starenvogel der Welt, den wir wohl alle aus dem Zoo kennen, ist der Beo (*Gracula religiosa*). Er ist berühmt für seine Fähigkeit, schnell sprechen zu lernen und Töne nachahmen zu können, außerdem für sein munteres Wesen, was ihm schnell zum Verhängnis wurde. So wurde er schon früh zum beliebten Käfigvogel und aus seiner eigentlichen Heimat in Südostasien gerissen. Die Folge: In manchen Regionen ist der Beo in seinem ursprünglichen Lebensraum ausgestorben; erst 1997 wurde er ins Washingtoner Artenschutzübereinkommen aufgenommen. Dramatisch ist, dass er nach wie vor in den Handel gebracht werden darf, wenngleich auch eingeschränkt und unter Auflagen. Die Arten der *Sturnidae*-Familie sind allesamt gesellig und brüten in losen Kolonien, viele Arten sind in der Lage, Gesänge und Töne anderer Arten oder ihres Umfelds zu imitieren.

Der Großteil der Stare in der *Sturnidae*-Familie sind Höhlenbrüter, einige können sogar ihre Höhlen selbst zimmern. Wie beispielsweise der Scherenschnabelstar oder Kernbeißerstar (*Scissi-*

rostrum dubium), der auf deutsch oft mit »Finkenschnabelstar« beschrieben wird. Er kommt in Indonesien vor, und sein dickes Mundwerkzeug deutet auf die beschriebene Fähigkeit hin. Alle Familienmitglieder der *Sturnidae* bauen eher unordentliche Nester, es gibt auch Arten, die hängende Nester bauen, wie zum Beispiel der wunderschöne Weberstar (*Aplonis metallica*). Ursprünglich gelten die Starenvögel als »altweltliche« Vogelgruppe, was bedeutet, dass sie eben nicht in der Neuen Welt, also Amerika, vorkommen – jedenfalls nicht ursprünglich. Einige Arten, wie auch unser Star, wurden außerhalb des ursprünglichen Brutgebiets eingebürgert, auch der Hirtenmaina (*Acridotheres tristis*) hat inzwischen weltweite Vorkommen, der schon erwähnte Beo lebt heute erfolgreich auf Hawaii, um nur einige Beispiele zu nennen.

Da ein Museum für Naturkunde ein unergründliches Archiv der Naturgeschichte ist, möchte ich an dieser Stelle auch einigen Arten aus der Familie der Stare die Ehre erweisen, die nicht mehr auf dieser Erde weilen. Sie sind ausgestorben, für immer verloren, ausgerottet und vernichtet durch uns Menschen. Beispielsweise seien der Rodrigues-Star, der Schlichtstar, der Pelzelnstar, der Hopfstar und der Kosrae-Singstar genannt. Die Bälge und Präperate in den naturkundlichen Museen dieser Welt sollen uns eine Mahnung sein, wie schnell ganze Arten vom Planeten verschwinden können, wenn der Mensch keine Rücksicht auf sie nimmt.

Nun aber zu unserem Star. 500 Bälge von *Sturnus vulgaris* und seinen Unterarten lagern hier ungefähr, erklärt uns Pascal. Dicht an dicht liegen sie aufgereiht in den Schubladen. Ich überfliege die Bälge, 1903, 1920, noch ältere Funde liegen hier aus. Antonia und ich machen große Augen und haben viele Fragen, vor allem bezogen auf die Begriffe Art, Unterart, und wie man sie alle unterscheidet.

»Es gibt 13 Unterarten vom Star, die aktuell als valide gelten. Es gibt aber eine ganze Menge mehr, die irgendwann mal beschrieben wurden, die sich nicht mehr mit heutigem Erkenntnisstand halten lassen, weil die Unterschiede marginal sind. So zum Beispiel die Unterart von den Azoren, da diskutiert man heute, ob das überhaupt eine eigene Unterart ist oder nicht. Eine Unterart ist quasi ein Name für eine lokale Population.

Und dann gibt es hier diese sogenannten ›Typen‹, gekennzeichnet mit roten Punkten, davon haben wir einige tatsächlich auch hier im Museum«, sagt Pascal und zieht energisch eine Schublade auf. »Wir haben zum Beispiel für Oppenheimi den ›Typus‹. Das heißt, dieses Exemplar hier hat Oskar Neumann 1915 angeschaut und gesagt, dieser Star unterscheidet sich von denen aus den anderen Teilen des Verbreitungsgebiets. Dann hat er es im Journal für Ornithologie publiziert und beschrieben, wie die Unterart Oppenheimi aussieht und wo sie vorkommt.«

Pascals Augen blitzten. Unsere Köpfe rauchten, dankbar und voll mit Informationen verließen wir das ehrwürdige Gebäude in Berlin-Mitte, im Hof des Museums tschilpten die Spatzen. Wie schön.

Zur Abteilung
„Vögel“

Wer mehr über Stare, aber auch über Rosenstare und Einfarbstare (dargestellt in den Illustrationen oben) erfahren will, ist bei Pascal Eckhoff im Museum für Naturkunde Berlin an der richtigen Adresse. Er ist „Collection Manager" im Museum und führt uns hinter die Kulissen.

Sturnus
vulgaris
hildebrandti
pulcher
shelleyi
Lamprotornis
purpureiceps
cupreocauda
Lamprotornis
unicolor
fischeri
Cinnyricinclus
femoralis
leucogaster
Cinnyricinclus
leucogaster
Cinnyricinclus
leucogaster
Spreo
bicolor
albicapillus
Rhabdornis
mystacalis
Onychognathus
morio
Onychognathus
morio
Onychognathus
morio
tenuirostris
Onychognathus
fulgidus
Onychognathus
walleri
Onychognathus
blythii
vulgaris
Urolestes
melanoleucus

Um die 500 Bälge von *Sturnus vulgaris* schlummern in den unzähligen Schubladen im Museum für Naturkunde Berlin. Die dortige Vogelsammlung zählt zu den umfangreichsten in Europa. Zu ihr gehören auch Eier und Nester.

DER STAR *IN DER NEUEN WELT*

Als ich im März 2023 zur Hochzeit meiner lieben Freunde Tu Lee und Matt in Massachusetts flog und zwei Stunden im Auto zusammen mit meiner Freundin Sila auf unsere Freundin Pauline wartete, da sie aus München mit einem anderen Flugzeug anreiste, hatte ich genug Zeit, das Vogeltreiben am Flughafen John F. Kennedy zu beobachten. Zwischen den Haussperlingen, die tschilpend auf den Gehwegen nach Essbarem suchten, fielen mir vor allem glitzernde Stare auf. In Grüppchen saßen sie unter dem Dach der Ankunftshalle und unterhielten sich. Ich staunte. Mir war bis dato nicht bewusst gewesen, dass es »unsere Stare« auch in Nordamerika gab. Dabei war ich so oft in New York gewesen, hatte hier fast zwei Jahre gearbeitet und gelebt, und nie waren sie mir aufgefallen. Waren sie erst seit Kurzem hier? Oder beobachtete ich eine nordamerikanische Unterart?

Gehört hatte ich die Vögel schon bei der Gepäckausgabe, bevor ich sie überhaupt gesehen hatte. Der unverwechselbare langgezogene Starenpfiff schallte in die große Halle, während wir müde und erschöpft auf unsere Koffer warteten. Als wir dann im Mietauto vor der Departure-Halle saßen, erkannte ich den Ersten. Es waren ohne Zweifel *Sturnus vulgaris*, die hier den JFK-Flughafen erobert hatten. Der Star saß pfeifend und trällernd auf der Balustrade und flog eine kurze Strecke über die Spatzenköpfe hinweg zwischen gelben Taxis zu den wartenden Menschen.

Dass es weltweit verschiedene Staren-Arten gab, wusste ich. Und dass sie mit den Drosseln verwandt sein könnten, von denen es in den USA viele Arten gab, kann man sich denken. Aber *Sturnus vulgaris*, hier am JFK? Biochemische Befunde durch DNA-Hybridisierung deuten inzwischen übrigens an, dass Stare tatsächlich Drosselverwandte sind. Ihre Schwesterngruppe sind die Spottdrosseln (engl. *mockingbird*), eine amerikanische Singvogelfamilie. Wer den US-Klassiker *To kill a Mockingbird* von Harper Lee gelesen hat, wird vielleicht auch in Deutschland schon von der amerikanischen Spottdrossel gehört haben. In dem weltbekannten Roman symbolisiert der *mockingbird* oder die Nachtigall Unschuld und Gerechtigkeit: »Sie tun niemandem etwas, außer ihr Herz für uns herauszusingen«, sagt die sechsjährige Protagonistin des Buches, Scout Finch (im Deutschen Scout Fink), zu ihrer Nachbarin Miss Maudie an einer Stelle. In Deutschland erschien das Buch 1962 unter dem Namen *Wer die Nachtigall stört*. Hätte die Übersetzerin Claire Malignon über die Verwandtschaft der Stare mit den Spottdrosseln Bescheid gewusst, hätte das Buch vielleicht den Titel »Wer den Star stört« erhalten?

Übrigens kommt der Name »Spottdrossel« von der Fähigkeit, die Rufe anderer Vögel zu »verspotten« (engl. *to mock*) und zu imitieren. Die Nordamerikanische Spottdrossel ist berühmt für ihr Repertoire, das aus Hunderten von unterschiedlichen Tönen bestehen kann, die sie oft in schneller Folge wiederholt. So schließt sich der Kreis zu unserem europäischen Star, der mindestens genauso virtuos im Singen, Spotten und Imitieren ist.

Durch ihre Anpassungsfähigkeit hat sich die Gattung *Sturnus* über die Welt verteilt. Nicht nur die New Yorker Stare sind außerhalb ihres Brutgebiets erfolgreich eingebürgert worden, wie wir wissen. Sie wurden vom Menschen hergebracht – sind also nicht freiwillig gekommen. Das ist ein wichtiger Aspekt, bedenkt man, dass der Star heute der verhassteste Vogel Nordamerikas ist. Aber von vorne.

Es ist das Jahr 1827, als Eugene Schieffelin das Licht der Welt erblickt. Er wird in eine bekannte und wohlhabende New Yorker Familie hineingeboren. So bekannt, dass nach ihr später die

Schieffelin Avenue und der Schieffelin Place in der Bronx benannt werden. Seine Vorfahren sind als Arzneimittelhersteller reich geworden, und der exzentrische Eugene übernimmt das erfolgreiche Unternehmen schon bald zusammen mit seinen Brüdern.

Neben seinem Beruf als Geschäftsführer des Familienunternehmens Schieffelin & Co. bleibt Eugene genug Zeit, seinen eigenen Interessen nachzugehen: Theater, Literatur und Vögel. Sein Lieblingsbuch *The Ornithology of Shakespeare* von James Edmund Harting verbindet diese Interessen vortrefflich, zählt es doch alle genannten Vögel in William Shakespeares Werken auf. Als Vorsitzender der New Yorker »American Acclimatization Society« ist Eugene Schieffelin daran gelegen, das europäische »Kultur- und Naturgut« nach Amerika zu bringen. Und so wird es bald schon zu seinem ganz persönlichen Ziel, alle genannten Tiere aus William Shakespeares Werken in der Neuen Welt herumfliegen zu sehen.

Und dazu gehört auch *Sturnus vulgaris,* welcher in Shakespears Historiendrama *Henry IV* aus dem Jahr 1587 eine kleine Rolle spielt. In der besagten Szene fordert King Henry den Soldaten Hotspur dazu auf, alle seine Gefangenen freizulassen. Doch Hotspur weigert sich und verlangt im Gegenzug von King Henry, seinen Schwager Mortimer von den Feinden freizukaufen. Darüber ist der König so erbost, dass er dem frechen Soldaten Hotspur verbietet, den Namen Mortimer jemals wieder auszusprechen – bevor er von dannen stürmt.

In der nächsten Szene hat Vogel Star seinen ersten und einzigen kleinen Auftritt bei Shakespeare. Hotspur ist verärgert und denkt sich einen fiesen Plan aus. Wenn er selbst den Namen seines Schwagers schon nicht mehr sagen darf, will er dem König einen sprechenden Star schenken, dessen einziges Wort »Mortimer« ist:

Er sprach, nicht lösen woll' er Mortimer,
Verbot zu reden mir von Mortimer;
Allein ich find' ihn, wo er schlafend liegt,
Und ruf' ihm in die Ohren: »Mortimer!«

Ja, einen Star schaff' ich, der nichts soll lernen
Zu schrein, als »Mortimer«, und geb' ihm den,
Um seinen Zorn stets rege zu erhalten.

Aus: William Shakespeare: *König Heinrich IV. Erster Teil*

An einem grauen Morgen im März 1890 ist es dann so weit. Eugene Schieffelin hat seinen englischen Kontakten eine beträchtliche Summe für die Verschiffung von 80 Staren aus England bezahlt und wartet mit seinem Butler persönlich am New Yorker Hafen auf die Lieferung. Ohne Umwege bringen sie die verängstigten Tiere in den Central Park, wo Eugene sie freilässt. Als die fremden Vögel auf den kahlen Ästen der Ahornbäume im Central Park Platz nehmen und sich umschauen, drückt ihnen der 63 Jahre alte Eugene Schieffelin die Daumen – und hat keine Ahnung, was er da eigentlich anrichtet.

In der Regel wird angenommen, dass dieser Moment der erste war, an dem *Sturnus vulgaris* den nordamerikanischen Kontinent beflogen hat. Aber dem ist nicht so. In einem Artikel aus dem Jahr 2021 mit dem Titel »Shakespeares Stare: Literaturgeschichte und die Fiktionen of Invasiveness« liefern zwei amerikanische Forscher unwiderlegbare Beweise dafür, dass die ersten Freilassungen fast zwei Jahrzehnte zuvor, in den 1870er-Jahren, erfolgt waren. Es handelte sich um eine andere Gruppe von europäischstämmigen Einwanderern in Cincinnati, Ohio. Zu ihrer Zeit hatten sie nicht weniger als 4000 Vögel freigelassen. Verschiedene Singvögel, aber *Sturnus vulgaris* war durchaus dabei.

Genetische Untersuchungen über verschiedene nordamerikanische Populationen gehen davon aus, dass heute alle 200 Millionen Stare in den USA von Schieffelins Tieren stammen. Die 80 Individuen hatten keine Probleme, im kalten New York anzukommen. Sie waren an Menschen gewöhnt und profitierten von deren warmen Häusern, den Essensresten, den Nischen und den angelegten Grünflächen. Bald schon zog es die englischen Stare raus auf die Felder und weiter gen Westen, in den Norden und

Genetische Untersuchungen über verschiedene nordamerikanische Populationen gehen davon aus, dass heute alle 200 Millionen Stare in den USA von nur 80 Individuen stammen, die 1890 in Manhattan freigelassen wurden.

in den Süden des Landes, mit Erfolg. 80 Stare haben 80 Jahre gebraucht, um den nordamerikanischen Kontinent zu erobern. Heutzutage sind sie überall.

Aber wen wundert es? Stare sind wahre Überlebenskünstler – sie sind Rambo und Robinson Crusoe in einem. Sie sind robust, aggressiv, Allesfresser, unkompliziert bei der Nistplatzsuche, sind neugierig, erkunden ihre Umgebung und kolonisieren sie. Das gilt für die Stadt und das Land. Stare sind aufgrund ihrer Fähigkeit, sich außerhalb der Brutzeit an verschiedene Nahrungsquellen anzupassen und in großen Schwärmen aufzutreten, eine der invasivsten Vogelarten Nordamerikas. Und deshalb auch überall unbeliebt. Die erfolgreiche Besetzung Nordamerikas hat dem Star eine Nominierung in der Top-100-Liste der »schlimmsten« Eindringlinge der Welt eingebracht.

Gründe für ihren schlechten Ruf finden sich in der US-amerikanischen Geschichte nicht wenige. Allein zwischen 1990 und 2013 waren Stare in über 3200 Vogelkollisionen mit Militär- und Zivilflugzeugen verwickelt. Das ergab einen Gesamtschaden von sieben Millionen US-Dollar. Michael Begier, Nationaler Koordinator des Wildlife-Hazards-Programms des US-Landwirtschaftsministeriums, ist kein Fan der Vögel. Er meint: »Stare sind schlank und gemein.« In der Industrie werden sie oft als »Federgeschosse« bezeichnet. 1960 startete ein Passagierflugzeug vom Bostoner Logan-Flughafen in Richtung Philadelphia und kollidierte kurze Zeit später mit einem Schwarm von 20 000 Staren. Hunderte Vögel wurden in die Triebwerke gezogen, und zwei der Motoren fielen aus. Das Flugzeug stürzte ab – 62 von den 72 Passagieren starben. Dieser Crash ist bis heute der schlimmste Absturz, der durch Vögel verursacht wurde, und er hatte weltweite Folgen für den Flugverkehr. Bis heute gibt es sogenannte Bird Controller, welche die Aufgabe haben, »Vogelschläge« – also den Zusammenprall von Vögeln mit Flugzeugen – zu verhindern.

Die Colombia-Universität schätzt die Schäden, die Stare für die Landwirtschaft und die Lebensmittel haben, auf 1,6 Millionen US-Dollar pro Jahr. Es heißt in dem Bericht, dass Stare Infektionskrankheiten verbreiten könnten, die Menschen und Nutztiere krank machen und hohe Gesundheitskosten verursachen. Des Weiteren soll die Landwirtschaft erhebliche Mittel für Abwehrmaßnahmen gegen Stare ausgeben. Dazu gehören Netze, akustische Abschreckungsmittel, visuelle Reize und manchmal auch das Fangen oder Töten der Vögel.

Der Migratory Bird Treaty Act schützt Wildvögel in den USA und untersagt das Anfassen von Vögeln und ihren Nestern. Ausgenommen sind vom Menschen eingeführte »invasive« Arten wie Haussperlinge, Stadttauben und Stare. Diese dürfen von Privatpersonen und öffentlichen Einrichtungen vernichtet, ihre Nester entfernt und ihre Küken getötet werden. Die US-Behörden töten mehr Stare durch Gift, Fallen und Schießen als jede andere Vogelart: schätzungsweise 1,7 Millionen Individuen pro Jahr. Auch Privatpersonen vergiften Stare, fangen sie mit Netzen, entfernen Nester und Küken, vertreiben die Vögel durch Warnrufe und Juckpulver oder töten Schwärme mithilfe von Explosionen. Bis vor einiger Zeit hat das den Staren nichts anhaben können, doch die Zeiten haben sich geändert. Die nordamerikanische Population ist in den letzten 30 Jahren nicht mehr angestiegen.

US-amerikanische Wissenschaftler haben sogar ein Gift namens Starlicide (offiziell bekannt als DRC-1339) entwickelt, das für Stare (und auch für Möwen, Saatkrähen und einige weitere Wildvögel) hochgiftig ist, für andere Vögel, Säugetiere und Haustiere jedoch offenbar weniger schädlich. In der Gemeinde Griggstown in New Jersey, zwischen Philadelphia und New York, hatte ein Bauer 2009 Beschwerde eingereicht, weil Schwärme von Staren das für seine Rinder und Geflügel bestimmte Futter fraßen, was ihn 1500 Dollar im Monat kostete. Nach einigen misslungenen Versuchen, die Stare zu vertreiben, überredete er die örtlichen Behörden, das Gift Starlicide einzusetzen. Eigentlich sollten die Tiere leise und unauffällig krepieren, aber es kam anders. Denn schon bald, nach dem Einsatz von Starlicide, regnete es förmlich tote Stare in Griggstown. Eine groteske Szene, die viele wohl an den Film »Die Vögel« von Alfred Hitchcock erinnerte. Die Anwohner waren verständlicherweise besorgt, als sie die Leichen der Vögel in ihren Hinterhöfen fanden. Nach langem Durcheinander wurde schließlich die wahre Todesursache enthüllt, was eine weitere Welle von Beschwerden auslöste, diesmal von örtlichen Tierrechtsgruppen.

Stare haben in den USA keine Lobby. Sogar Natur- und Artenschützer sprechen sich gegen sie aus – ja, sogar unsere liebe Lyanda Lynn Haupt, Autorin von *Mozart's Starling*, wünscht sie weg, obwohl sie eine innige Beziehung zu ihrem Starenzögling namens Carmen pflegt. Sie schreibt: »Auch ich wünsche mir, dass sie (die Stare) in diesem Land ausgerottet werden, wie so viele«, und ergänzt: »... solange wie Carmen bei mir bleibt«. Ihr Grund ist derselbe wie der aller anderen Ornithologen und Natur- und Artenschützer in Nordamerika. Lyanda hat Angst, dass Stare die einheimischen Vögel vertreiben und ihnen Nistplätze, Futter und Lebensraum wegschnappen könnten.

Dabei gibt es hierfür keine wissenschaftlichen Belege, im Gegenteil. 2002 beendeten Biologen der Berkley-Universität eine jahrelange Untersuchung über Stare und deren Wirkung auf die heimische Vogelwelt mit dem Ergebnis, dass sie keine messbare Gefahr für andere Höhlenbrüter wie Spechte, Bluejays, Schwalben oder Turmfalken darstellen. Trotz dieses Ergebnisses ist der Initiator Walter Koenig, heute bei der Cornell-Universität tätig, kein Star-Fan: »Ich kann nicht sagen, dass das Ergebnis meine Einstellung zu Staren verändert hat. Ich zögere nicht, sie abzuschießen, wenn ich die Gelegenheit bekomme.«

Ich frage mich, was einen Wissenschaftler zu so einer Aussage verleitet und wie solch ein Hass entsteht? Ähnliche Aussagen höre ich über Neozoen überall auf der Welt. Halsbandsittiche den Rhein entlang, Stadttauben in Berlin oder Waschbären in Hannover. Der Mensch bringt die Tiere aus ihrem Ökosystem in eine fremde Umgebung, entlässt sie gewollt oder ungewollt und wundert sich anschließend, dass Probleme entstehen. Schieffelins Stare haben sich den Ortswechsel nicht gewünscht.

1939 schrieb die Biologin und Umweltschützerin Rachel Carson, nur 50 Jahre nach dem Freilassen der englischen Stare, einen Essay mit dem Titel *How about Citizenship papers for the Starling?*. Zu diesem Zeitpunkt hatten die Stare die USA schon kolonialisiert und waren nicht mehr wegzudenken. Rachel Carson plädierte deshalb dafür, dass die Menschen aufhören sollten, Stare als Eindringlinge zu betrachten, sondern sie lieber als reguläre Art akzeptieren sollten.

Liest man Rachel Carsons 80 Jahre alten Essay, wird einem schnell bewusst, wie weit voraus diese Frau ihrer Zeit war und wie viel sie damals schon über die Stare wusste. Oder besser, wie wenig wir heute über Stare wissen. 22 Jahre später, 1962, schrieb Rachel Carson das wohl einflussreichste Buch der US-amerikanischen Umweltbewegung: *Silent Spring*, zu deutsch *Der stumme Frühling*. Carson untersuchte die verheerenden Auswirkungen von Pestiziden, insbesondere des damals weit verbreiteten DDT, auf die Natur, die Tierwelt und die menschliche Gesundheit. Sie schildert, wie diese Chemikalien durch die Nahrungskette wandern und sich in Organismen anreichern, was zu genetischen Schäden, Krankheiten und dem Rückgang zahlreicher Vogelarten führt. Der Titel *Silent Spring* bezieht sich auf einen hypothetischen Frühling, in dem die Vögel aufgrund der Vergiftung durch Pestizide nicht mehr singen – ein warnendes Bild für die negativen Folgen menschlicher Eingriffe in die Natur. Früher war es DDT, heute ist es Glyphosat.

1962 schrieb Rachel Carson das wohl einflussreichste Buch der US-amerikanischen Umweltbewegung: *Silent Spring*, zu deutsch *Der stumme Frühling*. Leider hat sich seit den 1960er-Jahren nicht so viel geändert. Früher war es DDT, heute sind es Glyphosat und Herbizide.

DER STAR *UND MOZART*

Mozart und ich haben genau zwei Gemeinsamkeiten. Wir wurden am selben Tag geboren, mit 234 Jahren Unterschied, und – das ist die viel wesentlichere Gemeinsamkeit – auch Mozart liebte Vögel über alles. Eine der ersten frühen, und somit auch wichtigsten Biografien über Wolfgang Amadeus Mozart schrieb Franz Xaver Niemetschek, Jahrgang 1766, mithilfe von Mozarts Witwe Constanze, die den Nachlass ihres verstorbenen Mannes verwaltete. In einer Zeit, in der sich alle Welt auf das musikalische Können des Komponisten fokussierte, schrieb Niemetschek den Satz »Er war sehr tierlieb, besonders Vögel hatten es ihm angetan« für die Nachwelt auf. Mozarts Liebe zu Vögeln beeinflusste aber nicht nur sein Privatleben, sondern auch sein künstlerisches Schaffen. Seine Fähigkeit, Tierstimmen musikalisch zu interpretieren, trug zur Einzigartigkeit seiner Kompositionen bei und wird heute vielfach als eine harmonische Verbindung zwischen seiner Vogelliebe und seiner Musik angesehen.

Während ich hier schreibe, läuft im Hintergrund Mozarts Klaviersonate Nr. 17 in D-Dur (KV 576). Wie einige andere Kompositionen Mozarts auch, soll diese Sonate ganz besonders an das Zwitschern, an verschiedene Vogelgesänge im Frühlingswald erinnern. Ich mag das Stück, ich mag die Musik, dennoch baut sich auch immer eine kleine Distanz auf, wenn ich Mozart höre. Denn klassische Musik wurde bei uns früher nicht gehört. Gar nicht, nie, auch nicht von meiner Oma oder irgendeinem Onkel. Bei uns auf dem Dorf gab es tatsächlich wenig Bezug zur Klassik. Zu Hause liefen die Beatles, die Kinks, die Dire Straights, The Searchers und Leonhard Cohen. Nicht zu vergessen die Moody Blues und die Shadows. Mein Vater ist sehr musikaffin, ein Kind der 1960er.

Er hatte und hat noch immer in seinem Zimmer eine gemütliche Ecke mit Hunderten Schallplatten und Plattenspieler, und den Sound der genannten Bands verbinde ich noch heute und für immer mit meinem Elternhaus.

Ich hatte einige Jahre lang Klavierunterricht. Eigentlich wollte ich Saxophon lernen, aber es gab bei uns auf dem Dorf keine Saxophonlehrerinnen oder -lehrer. Und da meine große Schwester Klavierunterricht bekam, bot sich das für mich auch an. Mein Klavierlehrer Wladi war Pianist am Theater Osnabrück und kam jeden Freitag nach der Schule für eine Stunde zu uns nach Hause. Ich glaube, er ist immer noch Musiker am Theater, meine Bildersuche im Internet nach ihm zaubert mir direkt ein Lächeln aufs Gesicht – kam er doch viele Jahre lang jede Woche zu uns. Irgendwie gehörte er zur Familie. Ich erinnere mich auch daran, dass meine Mutter ihm immer einen Cappuccino machte und wir viel miteinander redeten. Ein toller, unglaublich offener Mensch und begnadeter Musiker, der mich durch seine Art damals sehr beeindruckt und auch geprägt hat. Er wusste damals um meine Liebe zu den Vögeln, im Theater war gerade Mozarts »Zauberflöte« im Programm, und wir unterhielten uns gerne über Vögel. Insbesondere ein Lied aus der Oper eignete sich für das Klavier – und zog mich natürlich magisch an: das Lied des Vogelfängers.

Der Vogelfänger bin ich ja
Stets lustig heißa hopsasa!
Ich Vogelfänger bin bekannt
Bei Alt und Jung im ganzen Land!

Papageno wird selbst oft als eine vogelähnliche Figur mit Federn dargestellt. Die bekannte, fröhliche Melodie kann einen schnell ablenken von dem recht dramatischen Text, in dem es eigentlich darum geht, dass der Vogelfänger mit seinen Netzen Vögel fängt, gut im »Locken« ist, und sich – anstatt sich auf die

Vögel zu konzentrieren – ein »Netz für Mädchen« wünscht, die er dann reihenweise einfangen würde. Also, ich weiß ja nicht. 1791 bei der Uraufführung im Wiener Freihaustheater wird das wohl kaum für Aufsehen gesorgt haben, heute wäre beides zum Glück unvorstellbar: ein fröhlicher Vogelfänger und jemand, der Mädchen mit Netzen fängt – und im Übrigen im weiteren Verlauf des Textes gegen Zuckerstücke tauscht.

Wenn wir uns also das Verhältnis von Mozart zu den Vögeln, das Verhältnis Mensch – Vogel, auch in Bezug zum Vogelfang, angucken wollen, kommen wir nicht umhin, eine kleine Zeitreise zu machen. Denn zu Mozarts Zeiten war die Welt eine andere. Auch die Vogelwelt.

1750 hatte ganz Europa circa 17 Millionen Einwohner. Stopp, nicht so schnell weiterlesen – noch mal: In ganz Europa, von Lissabon bis Moskau, vom Nordkap bis nach Malta lebten 17 Millionen Menschen. Das sind weniger Menschen auf dem gesamten Kontinent verteilt, als heute dicht gedrängt zwischen Autobahnen und Windparks auf dem gesamten Staatsgebiet der Niederlande leben. Entsprechend weniger Ressourcen wurden ge- und verbraucht; entsprechend weniger Fläche war durch Siedlungen, Straßen usw. versiegelt und anthropogen (also menschlich) geformt und genutzt, um nicht zu sagen: übernutzt.

Heute leben in Europa mehr als 700 Millionen Menschen. Menschen, die irgendwo schlafen, wohnen, arbeiten, hin- und herfahren, sehr viel essen, sehr viel Essen wegwerfen, Dinge kaufen und verbrauchen, dreimal im Jahr in den Urlaub möchten und jede Menge Infrastrukturen brauchen. Man muss kein Mathe-Genie sein, um festzustellen: Wir Menschen haben früher schlicht und einfach weniger Platz eingenommen. Bei solchen Erzählungen muss man immer etwas aufpassen, dass man nicht in eine »Früher war alles besser«-Romantik verfällt. Mozart als Kind seiner Zeit ist schließlich nicht einmal 36 Jahre alt geworden.

Damals muss also deutlich mehr Platz für andere Lebewesen gewesen sein. Entsprechend anders sah auch die Landschaft in Europa aus. Heute sagt man, Europa hatte zu keinem Zeitpunkt eine höhere Artenvielfalt als zwischen 1750 und 1850. Die dann einsetzende Industrialisierung wird heute als dramatischer Kipppunkt für die Artenvielfalt Europas gesehen. Um den dramatischen Rückgang vieler Arten, auch des Stars, geht es später noch ausführlich in diesem Buch.

Dass die Artenvielfalt zu Mozarts Zeiten so enorm hoch war, steht in einem direkten Verhältnis zur schwachen Besiedelung Europas zu jener Zeit. Bis ins frühe 19. Jahrhundert hinein erlebte das ländlich geprägte Europa nur kleine, langsame Veränderungen. Im Großen und Ganzen war unsere Landschaft geprägt von kleinbäuerlichen Strukturen. Selbst in großen Städten wurden Tiere gehalten, natürlich zur Lebensmittelgewinnung, aber auch als Transportmittel, denken wir an das Pferd. Spatzen und andere Kulturfolger profitierten davon. Und auf dem Land sah die Welt komplett anders aus als heute: Typische Elemente der Kulturlandschaft waren unbefestigte Wege, Gräben, Feldraine, Magerrasen, Streuobstwiesen, Teiche und Hecken, immer im Wechsel; Äcker hatten feuchte Stellen, die unbewirtschaftet blieben; sandige Kuppen, auf denen man keine Feldfrüchte säen konnte. Somit gab es kleinteilige Lebensräume für allerhand Tiere, inmitten einer menschlich geprägten Kulturlandschaft. Natürlich gab es auch bereits größere Anbauflächen und menschliche Siedlungen mit Gärten. Dieser mosaikartige Wechsel bot zahlreichen Vogelarten geeignete Lebensräume.

Zu den bäuerlich genutzten Landstrichen kamen noch jene Gebiete hinzu, die man als echte Wildnis bezeichnen kann. Gegenden, in denen Ackerbau keinen Sinn ergab, zu weit weg von menschlichen Behausungen, unwirtliche Flächen, zu sumpfig, zu sandig, zu trocken, zu nass. Heute wird jeder Fleck in der Landschaft genutzt, damals war das nicht der Fall.

Dieser Wechsel aus kleinteilig genutztem Kulturland und wilder Natur führte dazu, dass die mitteleuropäische Flora und Fauna ihren Höhepunkt erreichte, einschließlich der Vögel. Der Fang von Singvögeln, wie in der »Zauberflöte« beschrieben, war entsprechend lukrativ; er gehörte in Mitteleuropa zum Alltag vieler Menschen auf dem Land. Die meisten Vögel wurden gegessen; besonders die ärmere Landbevölkerung betrieb den Vogelfang, um ausreichend Fleisch auf dem Tisch zu haben. Bekannte Beispiele für den Vogelfang sind die sogenannte Bohämmerjagd auf Bergfinken in der Pfalz, bei der die Vögel mit Blasrohren und Tonkugeln nachts im Schlaf von den Bäumen geschossen wurden. Da Bergfinken im Winter in riesigen Schwärmen, damals sicherlich in Millionenstärke, in Deutschland einflogen, war diese Art der Jagd ein gutes Geschäft für die Vogelfänger. Auch die Jagd auf Lerchen war zu Mozarts Zeiten weit verbreitet; eines der bedeutendsten Fanggebiete war die Region um Leipzig. Aus alten Stadtbüchern geht hervor, dass allein im Jahr 1720 auf Leipziger Märkten 400 000 Feldlerchen zum Verzehr verkauft worden seien. Noch heute zeugt das süße Leipziger Gebäck, die »Leipziger Lerchen«, von dieser Tradition.

Die Bestände vieler Vogelarten Mitteleuropas müssen damals so unschätzbar groß gewesen sein, dass solche aus heutiger Sicht massiven Eingriffe überhaupt keine Einflüsse auf die Population hatten. Eigentlich kann man sagen, dass damals alles gegessen wurde, was den Leuten in die Finger kam, halbwegs genießbar und nahrhaft war. Übrigens auch Maikäfer – Maikäfersuppe war in Frankreich und Deutschland lange eine verbreitete Speise. Aber hier soll es ja nun um Vögel gehen.

Exotische Vögel in Käfigen zu halten, war währenddessen der Oberschicht vorbehalten. Ein Papagei konnte im 18. Jahrhundert das Jahreseinkommen eines Bediensteten kosten. Die Mittel- und Unterschicht hielt sich heimische Arten wie Buchfinken, Kernbeißer, Tauben oder Stare. Sie saßen in einfachen, selbstgemachten kleinen Käfigen. Vogelfänger päppelten sie meist mit der Hand auf und verkauften sie auf den Märkten. Die Familien der lokalen Vogelfänger waren nicht angesehen, aber viele waren überaus gut in ihrem Job. Sie kannten die heimische und exotische Vogelwelt äußerst gut – konnten die Art ausmachen, wussten, wo sie nisteten und wann es Zeit war, die Eier beziehungsweise Küken zu stehlen. Sie wussten, wie die Jungtiere richtig gepäppelt wurden und wie man sie pflegte, wenn sie krank wurden. Sie waren Diebe, Wissenschaftler, Tierärzte und Geschäftsleute zugleich und doch nie Teil der Gesellschaft, an die sie verkauften.

Ich lehne heute das Halten von Vögeln in Käfigen selbstverständlich ab und kann hier auch für Antonia sprechen, doch es leuchtet mir ein: In einer Zeit ohne Radio und Netflix hat ein singender, springender Vogel im Käfig schlicht und einfach Leben in die Bude gebracht; sicherlich erheiterten sie die Gemüter der teilweise armen Leute in ihren zugigen, dunklen Bauernhäusern. So ist es wohl nicht besonders verwunderlich, dass auch Mozart Vögel besaß, schon als Kind soll er regelmäßig Kanarienvögel besessen haben; gute Sänger und heitere Gesellen. Das ist übrigens eine weitere Gemeinsamkeit von mir und Mozart, wir werden uns ja immer ähnlicher! Ich hatte als Kind auch Kanarienvögel und liebte sie abgöttisch. Mit acht Jahren ging Vogelliebe und Vogelhaltung irgendwie noch zusammen.

Mozart besaß aber nicht nur Kanarienvögel, sondern noch einen anderen, ganz besonderen Vogel: einen Star. Nicht viele wissen davon, nicht viele haben darüber geschrieben, dabei ist es eine ziemlich wunderbare Geschichte, die viel über den Komponisten, seine Musik und seine Vogelliebe erzählt.

»27. Mai 1784. Vogel Stahrl, 34 Kreuzer«

So vermerkt Wolfgang Amadeus Mozart den Kauf des Vogels in seinem Notizbuch. Mozart soll seine Ausgaben alle notiert haben, denn zeitweise war der Musiker pleite; seine Ausgaben überstiegen sein Einkommen. Für das Geld, das ihn der Star kostete, hätte er auch vier Laib Brot bekommen. Aber es sollte genau dieser Vogel sein; er hatte sich in ihn verguckt. Es war der Anfang von drei bewegten Jahren, in denen der Vogel Mozart nahezu täglich begleitete – und beim Komponieren beeinflusste. Kann ein Star das?

Spätestens als ich las, wie sehr er um den Vogel trauerte, als er starb, wusste ich: Ich muss mehr darüber erfahren. Die Internetrecherche führt nicht weit; aber Antonia und ich stolperten über Lyanda Lynn Haupt und ihr Buch *Mozart's starling*.

In Lyandas Buch erfuhr ich, dass der Star zu dem Zeitpunkt, als Mozart ihn entdeckte, bereits Mozarts neuestes Klavierkonzert pfeifen konnte. Zumindest ein kurzes, prägnantes Motiv aus dem Klavierkonzert Nr. 17 in G-Dur (KV 453). Durch die Melodie soll Mozart erst auf ihn aufmerksam geworden sein. Aber wie soll das gehen, das Stück kam ja nicht in der Zoohandlung im Radio? Lyanda Lynn Haupt ging dieser Aussage nach und flog nach Europa, fuhr nach Salzburg und Wien und fand heraus, dass der Zooladen, in dem Mozart verkehrte, nicht allzu weit weg war vom Graben 29, der gemeinsam mit dem Haus am Graben 29a den sogenannten Trattnerhof bildete, Mozarts damaliges Wohnhaus in Wien.

Das Haus stand direkt an einer belebten Marktstraße, damals voller Verkäufer und Marktschreier. Und es konnte durchaus sein, dass der Star, bevor er im Tiergeschäft landete und von Mozart entdeckt wurde, einige Tage unter seinem Fenster in einem Käfig lebte, getragen von einem Vogelfänger, der auf dem Markt seine Vögel anbot. Es war schließlich Mai, und Mozart komponierte Tag und Nacht, meist bei geöffnetem Fenster. Es war also durchaus möglich, dass der Star ein paar Takte des Klavierkonzerts aufschnappte. Und ein Star wäre eben kein Star, wenn er die einmal gelernte Weise nicht immer wieder wiederholen würde. Denn das lieben Stare, so schreibt Lyanda Lynn Haupt, und wir wissen, dass sie recht hat.

Welch innige Beziehung Mozart zu seinem Vogel Stahrl hatte, zeigt spätestens die Tatsache, dass er eine feierliche

Beerdigung für ihn abhielt, als er nach drei Jahren starb. Ein stattliches Alter – übrigens für einen Singvogel, liegt die durchschnittliche Lebenserwartung von Staren bei uns heute bei circa 1,5 Jahren. In freier Wildbahn versteht sich, im Käfig war der Vogel keinerlei Gefahren ausgesetzt. Am Grabe soll Mozart ein Gedicht, eigens für seinen Vogel vorgetragen haben, in dem er ihn liebevoll als Narr bezeichnet – einen Charakterzug, der zum Star passt:

Hier ruht ein lieber Narr,
Ein Vogel Staar.
Noch in den besten Jahren
Mußt er erfahren
Des Todes bittern Schmerz.
Mir blut't das Herz,
Wenn ich daran gedenke.
O Leser! schenke
Auch du ein Thränchen ihm.

Er war nicht schlimm;
Nur war er etwas munter,
Doch auch mitunter
Ein lieber loser Schalk,
Und drum kein Dalk.
Ich wett', er ist schon oben,
Um mich zu loben
Für diesen Freundschaftsdienst
Ohne Gewinnst.
Denn wie er unvermuthet
Sich hat verblutet,
Dacht er nicht an den Mann,
Der so schön reimen kann.
Den 4ten Juni 1787.

Bewegend für mich ist, dass auch Lyanda Lynn Haupt, die Autorin des Buches *Mozart's Starling*, einen Star mit dem Namen Carmen aufzog und nach dem Tod des Vogels einen rührenden Instagram-Post veröffentlichte. Ähnlich wie zu Mozarts Zeiten in Wien war der Star auch bei Lyanda und in ihrem Umfeld eigentlich »nichts Besonderes«, keine Art, der man viel Aufmerksamkeit schenkt, im Gegenteil. Ihre Zeilen, die sie Carmen widmet, sind umso berührender und treiben mir ein paar Tränchen in die Augen. Vogelliebe hat die Kraft, uns über Kontinente und Jahrhunderte zu verbinden.

Friends, with sadness I share the news that Carmen, the starling who was at the heart of my book Mozart's Starling, died last month. She was seven years old. It took me awhile to process before letting you all know.

Lyanda Haupt

DER STAR *IN LIED UND GEDICHT*

Als Kind habe ich es geliebt, am Klavier alte Volkslieder zu klimpern. Die oft einfachen und eingängigen Melodien hatte ich schnell drauf; ich war kein fleißiger Klavierschüler, und das schnelle Erfolgserlebnis motivierte mich. Ich mochte es, wenn ich am Klavier saß und meine Mutter nebenan in der Küche mitsang. Sonntags holten wir immer meine Oma Klara zum Kaffee zu uns.

Oma saß bei uns immer auf demselben Stuhl am Esstisch im Wohnzimmer, am großen Fenster. Sie setzte sich etwas schräg, damit sie mich beim Klavierspielen im Blick hatte. Sie war bei den meisten Liedern noch textsicherer als meine Mutter und konnte oft sämtliche Strophen auswendig, was ich immer sehr beeindruckend fand. Manchmal kam es also vor, dass ich am Klavier saß, in der *Mundorgel* oder einem anderen Liederbuch blätterte und ein Lied spielte. Meine Oma sang leise mit und im Nebenzimmer meine Mutter, etwas lauter. Welch geschützter Raum, welche Wärme und was für eine Geborgenheit dieses Bild in meiner Erinnerung ausstrahlt, kann ich heute noch fühlen.

Ich mochte diese Lieder nicht nur, weil ich sie schnell am Klavier beherrschte, sondern auch wegen der Texte. Einfache Texte, in denen oft die Natur und der Jahresverlauf vorkommen. Und vor allem: Vögel. Manchmal ganz allgemein, als Vogelschar, aber mir fiel schon damals auf, dass in vielen Liedern sogar einzelne Arten explizit genannt sind.

Grüß Gott, Du schöner Maien, nun bist du wiedrum hier.
Tust alt und jung erfreuen, mit deiner Blütenzier!
Die lieben Vöglein alle, sie singen gar so hell!
Frau Nachtigall mit Schalle hat die vornehmste Stell!

Volksweise aus dem 16. Jh.

Die glucke führt ihr völcklein aus
Der storch baut und bewohnt sein haus
Das schwälblein speist die jungen
Der schnelle hirsch, das leichte reh
Ist froh und kömmt aus seiner höh
Ins tiefe graß gesprungen.

Paul Gerhardt, 1653

Ach, wenn's doch erst gelinder
und grüner draußen wär'!
Komm, lieber Mai, wir Kinder,
wir bitten gar zu sehr!
O komm und bring' vor allem
uns viele Veilchen mit!
Bring' auch viel Nachtigallen
und schöne Kuckucks mit!

Text von Christian Adolph Overbeck, Melodie von Mozart, 1791

Und dann gibt es da noch dieses eine Lied, das so populär gewesen sein muss, dass sogar noch heute viele Kinder mitsingen können. Ein Lied, in dem es auf den ersten Blick ausschließlich um Vögel geht: »Alle Vögel sind schon da«. Und einer der Protagonisten in diesem Stück ist der Star.

Der Dichter des Liedes, August Heinrich Hoffmann von Fallersleben, war zu seiner Zeit ein Megastar, und somit ist es kein Wunder, dass auch dieses Lied landauf, landab sehr bekannt wurde. Das Besondere ist aber, dass darin tatsächlich der Star vorkommt. Eine damals recht häufige Vogelart, eigentlich kein besonderer »Rückkehrer« wie der Kuckuck oder eindrücklicher Sänger wie die Nachtigall.

Fallersleben besingt in seinem Lied etwas Alltägliches, aber gleichzeitig auch sehr Besonderes: Die Rückkehr der allgegenwärtigen Vogelarten, der Vogelstimmen im Frühling und ihre Verkörperung des Aufbruchs, des Frühlings. Und zwar nicht nur weit weg im Wald (»Kuckuck, Kuckuck, ruft's aus dem Wald«) oder unten im Tal (»Abendstille überall, nur am Bach die Nachtigall«) – sondern überall, auch im Garten, im Hof, bei den Menschen.

Alle Vögel sind schon da, alle Vögel, alle!
Welch ein Singen, Musiziern,
Pfeifen, Zwitschern, Tiriliern!
Frühling will nun einmaschiern,
kommt mit Sang und Schalle.
Wie sie alle lustig sind, flink und froh sich regen!
Amsel, Drossel, Fink und Star
und die ganze Vogelschar
wünschen dir ein frohes Jahr,
lauter Heil und Segen.
Was sie uns verkünden nun, nehmen wir zu Herzen:
Wir auch wollen lustig sein,
lustig wie die Vögelein,
hier und dort, tagaus, tagein,
singen, springen, scherzen.

Was viele nicht wissen, ist, dass Fallersleben auch ein Gedicht nur über »Die Stare« geschrieben hat. Die Vogelart muss ihm wichtig gewesen sein. Es ist ein sehr schönes harmonisches und hoffnungsvolles Gedicht voller Verständnis und Liebe für die Natur:

DIE STARE
Vater sprach: in jedem Baum
Hängt mir eine Meste!
Wenn es nächstens Frühling wird,
Kommen unsre Gäste.
Als der Frühling wiederkam,
Kamen auch die Stare,
Zogen in die Mesten ein
Wie im vor'gen Jahre.
Und die Stare flogen dann
Aus und ein zum Neste.
Jeder hatt' ein eignes Haus,
Jeder seine Meste.
Und sie haben manchen Tag
Froh mit ihren Jungen,
Wenn wir saßen vor der Tür,
Uns ein Lied gesungen.

Man stelle sich einen langen grauen Winter vor, sagen wir in Brandenburg, und selbst heute in Zeiten des Klimawandels sind die Winter hier noch immer länger und kälter als zum Beispiel in Köln. Das merken Antonia und ich, seit wir im Podcast über all diese Dinge reden – während ich noch friere, blühen bei ihr schon die ersten Frühblüher.

Vor 150 Jahren muss es für die Menschen noch viel trister gewesen sein. Aber nicht nur trist, auch beschwerlich. Irgendwann werden die Vorräte knapp; eine Welt, in der man einfach losspaziert und einkaufen geht, liegt noch in weiter Ferne. Wenn

In den 1950er-Jahren brachte Katharina Heinroth, Berlins erste und bisher einzige Zoodirektorin, ihre Naturtafeln „Mitteleuropäische Vogelwelt“ heraus. Auf der Rückseite der Tafeln finden sich auch frühere Namen, die für die Art verwendet wurden: Beim Star lauten sie Starmatz, Sprehe, Strahl und Wiesenstar.

dann der erste Star im Garten landete – und das machen Stare bekanntlich etwas früher als viele andere Zugvögel –, was muss das für die Menschen für ein Gefühl gewesen sein? Wenn ihr Gerede, kleine Melodien, ihre Unterhaltungen durch die Stille drangen. In Finnland, so ist überliefert, haben die Pfarrer in ihren Kirchenbüchern Frühling für Frühling eingetragen, wann der erste Star im Kirchhof gelandet war. So groß war die Freude über den nahenden Frühling. Heute sind diese Aufzeichnungen interessante Daten für die Rückkehrzeiten der Vögel und inwieweit sich diese über die Jahrhunderte verschoben haben.

Mensch und Vögel verband früher eine enge, tiefe Beziehung. Auch die Tatsache, dass viele Bauernregeln voller Vogelmotive sind, unterstreicht diese Verbindung. Sie sind der Beweis für einen Alltag voller Vögel: »Halten die Krähen Konzilium, so sieh nach Feuerholz dich um.«

Im nahenden Winter strömten früher Tausende, Abertausende Rabenvögel aus Sibirien und Osteuropa nach Mitteleuropa und sammelten sich auf den Feldern. Sie waren also Boten einer herannahenden Kältewelle. Im Osten des Kontinents war es früher viel eher und beständiger knackig kalt; heute hat sich das geändert. Die Gruppen Rabenvögel sind kleiner geworden, aber noch heute lassen sich bei mir in Brandenburg an bestimmten Herbsttagen viel mehr Dohlen, Saatkrähen, aber auch Eichelhäher und Elstern beobachten als in den Sommermonaten.

Auch die Bauernregel »Siehst du fremde Wandervögel, wird es kalt in aller Regel« passt in diesen Reigen, bezieht sich aber auf andere Zugvögel, die in Mitteleuropa überwintern und nur dann bei uns zu sehen sind, das können Rotdrosseln oder Seidenschwänze sein, aber auch arktische Wildgänse.

»Sind noch die Drosseln im Wald, wird es nicht so lange kalt« deutet auf den Umstand hin, dass die Drosseln nur selten in menschliche Siedlungen vordringen und lieber im Wald bleiben, wenn sie können – als scheue Waldbewohnerinnen, die zum Beispiel auch die Amsel vor 150 Jahren noch war. Aber schon damals streiften sie wohl durch Gärten und Dörfer, wenn es im Wald nichts mehr zu fressen gab.

Weltweit haben Stare verschiedene symbolische Bedeutungen. In England sollen Starenschwärme kaltes oder nasses Wetter vorhersagen, allerdings nur, wenn sie in großer Zahl im Spätherbst und Winter auftauchen. Ein englisches Sprichwort besagt: »Wenn sich Stare und Krähen in großer Zahl versammeln, müssen Sie mit Regen rechnen!« Und in der Bretagne sagt man, dass große Ansammlungen von Staren auf drohendes kaltes Wetter hinweisen. In China sollen sie Glück und Wohlstand bringen, und in Japan steht der weißwangige (oder graue) Star für ewige Liebe. Und der wohl bekannteste deutsche Zoologe Alfred Brehm erwähnt in einer seiner vielen Veröffentlichungen, dass ungewöhnliches Schwarmverhalten während der Brutzeit bei Staren ein Zeichen für heftige, anhaltende Unwetter sein kann.

Trotz dieser Beispiele ist der Star nicht die beliebteste Vogelmuse für Schriftsteller und Poeten. Wenn er auftaucht – sowohl in der Poesie als auch in der Prosa – dann eher beiläufig. Meist ist es eher eine kurze Erwähnung oder Teil einer umfassenderen Beschreibung einer ländlichen Szene. Es sind eher die auffälligen Hauptdarstellerinnen Nachtigall, Amsel oder Lerche, die die Hauptrolle spielen. Die Anthologie *The Poetry of Birds* (2009), zusammengestellt von Tim Dee und Simon Armitage aus England, nennt jeweils sieben Gedichte für die Feldlerche und Nachtigall, fünf für den Haussperling und nur drei für den Star.

Das erste, *Starlings Have Come*, stammt von Ted Hughes und wurde in meinem Geburtsjahr geschrieben. Es ist, wie viele andere seiner Werke, gekennzeichnet durch rohe Energie und die intensive Darstellung der natürlichen Welt. Hughes' Gedicht, wie auch seine ganze Poesie, zeichnet sich durch kraftvolle, oft düstere Bilder aus: »*Der mit Untergangspanik erfüllte Mob*« oder »*ein alptraumhaftes Himmelsrad*« stammen unverkennbar aus Hughes' Feder.

And now a silence –
The doom-panic mob listens, for a second. Then, with a soft boom, they wrap you
Into their mind-warp, assembling a nightmare sky-wheel
Of escape – a Niagara
Of upward rumbling wings – that collapses again (...)

Weitere englische Gedichte stammen von David Hartnett (»Mimics«) und W.N. Herbert (»The Flock in the Firth«). Auch in Haikus kommen Stare häufig vor. Haikus sind kurze Gedichte mit Metaphern und Symbolen aus der Natur, wie der Kirschblüte (Vergänglichkeit), dem Herbstlaub oder dem Wind. *Wing Beats: British Birds in Haiku*, eine entzückende Anthologie, die 2008 von John Barlow und Matthew Paul zusammengestellt wurde, enthält mehr als ein Dutzend Beispiele, darunter eines von John Barlow (2008):

dusk breathes them in:
tens of thousands of starlings
streaming over reeds

In der Antike wurden Stare oft mit der römischen Göttin Venus, also mit Liebe und Schönheit, in Verbindung gebracht. In der Mythologie repräsentiert Venus Liebe, Harmonie und Verbundenheit, was die soziale Ader der Stare widerspiegelt.

Viel früher, im sechsten Jahrhundert v. Chr., erzählte der griechische Waise Aesop die Geschichte eines Bauern, dessen Weizen ständig von plündernden Staren und Krähen gestohlen wurde. Als er und sein Sohn versuchten, die Vögel mit einer Steinschleuder zu treffen, warnten die schlauen Stare die anderen Vögel, und alle entkamen.

Ein bekanntes deutsches Gedicht mit dem Star als Protagonist stammt von Ernst Meister (1911–1979). Ein Lyriker, dessen Werke sich durch eine tiefgründige Auseinandersetzung mit existenziellen Themen wie Zeit, Tod, Vergänglichkeit und menschlicher

Wahrnehmung auszeichnen. Meister verwendete häufig Bilder aus der Natur, die jedoch nicht romantisierend wirken sollten, sondern als Metaphern für existenzielle Zustände und Fragen dienen. So auch in dem bildhaften Gedicht *Vogelwolke*.

VOGELWOLKE
Ein Abend,
starrend von Staren …
und wär's auch
Wortspiel, es schafft sich
Wahrheit,
so schwarzes Gezwitscher,
ein unerhörtes
im Labyrinth.
Das muß
der Herbst sein. Er
runzelt die Braue:
die Vogelwolke
steigt auf aus
besudelten Wipfeln
und nimmt nach
Norden
unverständliche Richtung.

Auch das Gedicht *Der September* handelt vom Herbst und seinem Wandel. Es ist für mich die schönste Entdeckung, die ich bei dieser literarischen Recherche gemacht habe. Denn ich liebe den Autor. Ich habe als Kind seine Bücher gelesen und durch die Zeilen geglaubt, sein gutes Herz förmlich spüren zu können. Es handelt sich um Erich Kästner (1899–1974).

In seinen Kinderbüchern verband Kästner oft Leichtigkeit und Tiefgang. Themen wie Gerechtigkeit, Moral und der Schutz der Schwächeren kommen immer wieder vor. In der Lyrik tauchen Tiere, insbesondere Vögel, immer wieder auf. Sie symboli-

sieren Freiheit, Sehnsucht und die Verbindung zwischen Mensch und Natur. Das Gedicht *Der September* stammt aus der Gedichtsammlung *Die dreizehn Monate*. Es ist Melancholie herauszuhören, die aber auch zum September gehört, genauso wie das warme Licht der gelben Sonne und die Stare, die gen Süden fliegen – so wie jedes Jahr:

Die Stare gehen auf die Reise.
Altweibersommer weht im Wind.
Das ist ein Abschied laut und leise.
Die Karussells drehn sich im Kreise.
Und was vorüber schien, beginnt.

Mareike Mahnke

Der Star bewegt auch die „GUT ZU VÖGELN“-Podcast-Hörerinnen und -Hörer: Danke für die schönen Einsendungen!

Wolfgang Juranek

MEIN SUPERSTAR

Die Nase ahnt den sanften Duft
von Löwenzahn und Oleander.
Es liegt' was Gutes in der Luft.
Im Teich vom Nachbarn wohnt
ein Zander.

Die Ohren lauschen voller Wonne
dem Vogelkonzert, das da ist
im vollen Gange und die Sonne
singt mit - Hör' ich da etwa Liszt?

Das kann am End' ein Star nur sein.
Aus „Liebestraum" zitiert der Sänger.
Er ahmt den Meister nach so fein
und zieht die Töne auch mal länger.

Er legt noch einen Handyklang
und and're Vogelstimmen dar.
Du bist mit deinem Wohlgesang
für mich ganz klar ein Superstar.

Dorothee Christiani

DER STAR

Der Star ist mittelklein – und trotzdem richtig fein.
Er ist ein Schelm –
Ganz schwarz
Mit tollem Schimmer
Ohne Helm.
Den braucht er nicht,
Er fliegt ganz toll
Im großen Schwarm
Ganz dicht zusammen.
Jeder, wie es soll.

Mara von Ferne

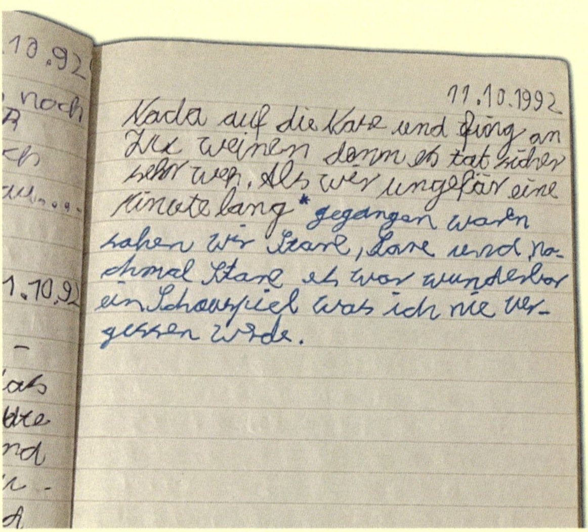

11.10.1992
Nacka auf die Kate und fing an
zu weinen denn es tat sicher
sehr weh. Als wir ungefär eine
Minute lang* gegangen waren
sahen wir Stare, Stare und no-
chmal Stare es war wunderbar
ein Schauspiel was ich nie ver-
gessen wrde.

Marielle Janotta

Stefan Becker

Jürgen Juranek

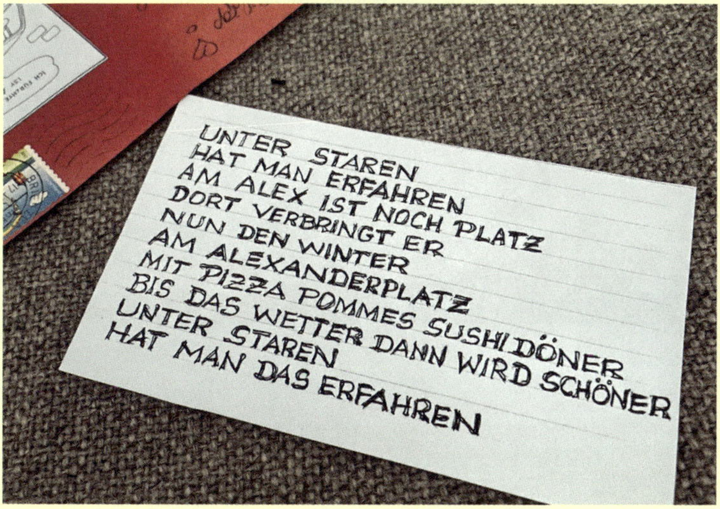

Zu den bekanntesten Arbeiten des dänischen Fotografen Sören Solkaer gehört die Serie *Black Sun*, in der er sich mit den faszinierenden Starenschwärmen an der dänischen Küste auseinandersetzt. Mit dem Graffiti-Künstler Henrik Soten entstanden auch Wandbilder in Kopenhagen.

DER STAR *IN DER KUNST*

In der Kunstgeschichte ergeht es den Staren wie in der Literatur. Selten ist er der alleinige »Star« auf einem Gemälde, vor allem nicht in der bildenden Kunst. Im September 2024 besuche ich meinen guten Bekannten Assawin im Antiquariat der Galerie Buchholz auf der Neven-DuMont-Straße in Köln. Daniel Buchholz übernahm das Antiquariat seines Vaters und baute die früheren Lagerräume zu Ausstellungsräumen um, das war 1993. Heute ist die Galerie weltweit erfolgreich und vertritt Künstler und Künstlerinnen wie Wolfgang Tillmans oder Insa Genzken.

Kölns Kunst- und Galerienszene der 1980er-Jahre strahlte bis nach New York. Kölner Galeristinnen unterhielten an der Ostküste der USA Zweigstellen, und amerikanische Künstlerinnen pilgerten nach Köln, wo neben Künstlern und Galerien von Weltrang auch bekannte Zeitschriften wie *Texte zur Kunst* oder der Taschen Verlag gegründet wurden. Köln hat viele bedeutende Künstlerinnen hervorgebracht. In den 1990/2000ern gab Köln dann seinen herausragenden Rang ab, und die deutsche Kunstwelt zog nach Berlin. Assawin arbeitet seit 20 Jahren im Antiquariat der Galerie Buchholz. Er hat mich bei einem gemeinsamen Essen in den Laden eingeladen, und ich freue mich, seine Vogelbilder durchzuforsten. Assawin war als Kind auch Birder, erzählt er mir so nebenbei: »Mein bester Kinderfreund hatte Großeltern in der Eifel, und meine Eltern waren natürlich froh, dass sie mich da auch mit abschieben konnten, am Wochenende und Party feiern konnten. Aber das hat mir nichts ausgemacht. Ich fand das super, dort mit dem Fernglas unterwegs zu sein.« Wie so oft bin ich erstaunt, wie viele Bekannte von mir dann doch im Laufe ihres Lebens an Vögeln interessiert waren und sie immer noch

Assawin und seine Vogelsammlung im Antiquariat der Galerie Buchholz.

Sturnus vulgaris L. Gemeiner Star.
a. PIROL (ORIOLUS GALBULA, L.)
b. KUKUK (CUCULUS CANORUS, L.)

im Herzen tragen. Immer wieder bestätigt sich, was Philipp und ich schon lange wissen: Vögel können die unterschiedlichsten Menschen verbinden.

Assawin zieht aus einem hohen Holzschrank, voll mit flachen Kartons, zwei von Hand beschriftete graue Boxen heraus. Ich darf an einem alten Schreibtisch, auf einem alten Stuhl, der auf einem alten Teppich steht, Platz nehmen und gemütlich stöbern. Es sind die verschiedensten Drucke, Lithografien, Zeichnungen und Malereien. Sie stammen aus sogenannten Bestimmungsbüchern und sind wunderbar gezeichnet. Jungstare, Altvögel, Einfarbstare – alle sitzen naturgetreu in Bäumen oder im Schilf. Ich würde sie am liebsten alle mitnehmen, und tatsächlich ist Assawin am Ende so lieb und schenkt mir zwei Lithografien. Glücklich fahre ich mit ihnen nach Hause.

Am nächsten Tag sprechen wir mit Sören Solkaer in Kopenhagen. Er ist Fotograf, und keiner, der sich mit moderner Kunst und Staren beschäftigt, kommt an ihm und seinem Bildband *Black Sun* vorbei. Eigentlich ist er bekannt für seine eindrucksvollen Porträts von Musikern wie Björk, R.E.M., Arctic Monkey, Franz Ferdinand, Tom Jones und vielen anderen. Doch neben der Porträtfotografie hat er ein weiteres Motiv für sich entdeckt: Stare oder besser gesagt, Starenschwärme.

Die sogenannte »Black Sun« hat es ihm angetan. Wenn sich im Herbst Millionen Stare sammeln, um ihre gemeinsamen Schlafplätze im Schilf an den dänischen Gewässern und Küsten anzufliegen, verdunkelt sich zeitweise der Himmel. Die Schwarze Sonne, auf dänisch *»sort sol«*, ist in der deutsch-dänischen Grenzregion ein wahres Naturspektakel. Zu einer bestimmten Jahreszeit, in einem bestimmten Licht, verschlagen die Formationen einem fast den Atem. Die Dänen sind stolz auf die Stare an ihrer Küste, und es hat sich ein wahrer Naturtourismus um die schwarze Sonne entwickelt.

Sören Solkaer wurde in Sønderborg an der Ostsee geboren und ist seit seiner Kindheit fasziniert von der Schwarmintelligenz der Stare. 2017 beschloss er, die ersten Schwärme zu fotografieren, und widmete ihnen einen eigenen Bildband. Seitdem haben ihn die Tiere nie wieder losgelassen, sagt er. In seinem jetzigen Projekt nähert er sich den Vögeln auf der Makroebene und schwärmt von der Federfärbung der Stare. Ironischerweise heiratete Sören 2001 eine Amerikanerin und nahm ihren Nachnamen Starbird an. Nach der Trennung legte er ihn wieder ab; seine Leidenschaft für den Star ist geblieben.

»Warum gerade diese Vögel?«, ist Philipps und meine erste Frage.

Sören: Ich bin im Süden Dänemarks, in der Nähe von Deutschland, aufgewachsen. Und als Junge interessierte ich mich sehr für Vögel. Im Winter war es wirklich das Aufregendste, dass die Vögel in unseren Garten kamen. Also saß ich einfach da und verfolgte, welche Vögel kamen. Als ich etwa zehn Jahre alt war, brachten mich meine Eltern an die Westküste Dänemarks, um einen Familienfreund zu besuchen. Und dann, am späten Nachmittag, als ich hinter ihrem Haus war und spielte, kam plötzlich dieser riesige Schwarm Stare, und ich glaube, sie wurden von einem Raubvogel angegriffen, weil sie diese wirklich erstaunlichen Formen geschaffen haben. An diesem Punkt in meinem Leben erlebte ich zum ersten Mal etwas völlig Wildes und Surreales in der Natur. Und tatsächlich ist mir dieses Bild immer irgendwie im Gedächtnis geblieben. Ich erinnere mich daran, dass es etwas ziemlich Wildes war. Viele Jahre später wurde ich Fotograf und habe fernab der Natur gelebt. Meine gesamte Arbeit fand lange in Den Haag und London, New York, L.A. statt. Und dann plötzlich hatte ich dieses Bild. Es kam zu mir zurück. Und ich ging nach Südwesten, in den Teil, aus dem ich komme. Ich hatte mir eine Woche Zeit für dieses Projekt mit den Staren genommen und fing an, nach ihnen zu suchen. Am Anfang war es nicht sehr erfolgreich. Aber dann, am vorletzten Tag, in der sechsten Nacht dieser ersten Woche, erlebte ich eine fantastische Nacht, mit zwei Falken, die die Stare angriffen, und dann diese wunderschönen Formen, die sie machten. Ich habe ein paar wirklich gute Bilder geschossen, und ab da war ich total begeistert. So wurde es für die nächsten sechs Jahre zu meiner Hauptbeschäftigung ... Nach dem zweiten Jahr wollte ich mehr und begann, den Staren durch ganz Europa zu folgen. Ich fing an, in die Niederlande, nach Spanien und Italien zu reisen, und begann, ein Netzwerk von Fotografen und Ornithologen aufzubauen, die mir helfen würden. Tatsächlich war Instagram eine sehr große Hilfe.

Arbeitest du immer noch mit Staren?

Ich bin ungewöhnlich in der Vogelfotografie in dem Sinne, dass ich mich nur für einen einzelnen Vögel interessiere. Ich interessiere mich für Schwarmintelligenz, als visuelles Phänomen und für den kollektiven Geist und all das. Ich jage also keinen anderen Vögeln hinterher und werde es wahrscheinlich auch nie tun.

Nun ist ein zweites Buch erschienen.

Nachdem ich fünf Jahre lang das große Ganze fotografiert hatte, war ich nun daran interessiert, dem einzelnen Vogel nah zu kommen und seine Federstruktur zu fotografieren. Das lag zum Teil sicher auch daran, dass ich in diesem Jahr einige Ayahuasca-Reisen unternommen hatte, was meine Sicht auf viele Dinge veränderte. Plötzlich interessierte ich mich sehr dafür, Dinge zu sehen, die man normalerweise nicht sehen kann, die eigentlich real sind, die aber unserem Sehvermögen nicht wirklich zugänglich sind. Also habe ich einige Professoren der Universität hier kontaktiert, und sie haben mir geholfen. Ich konnte mit riesigen, teuren Mikroskopkameras fotografieren. Und tatsächlich, wenn man einer Starenfeder 10 000-mal näherkommt, sieht sie tatsächlich wieder sehr groß aus. Ich meine, es sieht aus wie eine Landschaft oder ein Fluss. Ja. Deshalb war ich sehr daran interessiert zu sehen, ob man die gleichen universellen Formen, die man in einem Schwarm finden kann, auch auf einer Art Makroebene sehen könnte.

Sören ist nicht der einzige Fotograf, der Starenschwärme auf spektakuläre Weise einfängt. Der Baske Xavi Bou hat sich schon immer für die Natur interessiert, startete seine Karriere aber in der Werbebranche. Er entwickelte 2015 eine einzigartige Serie namens »Ornithographies«. In dem Projekt visualisierte er die Flugbahnen von Vögeln, indem er zahlreiche digitale Fotografien zu beeindruckenden Kompositionen zusammenfügte.

Die Ornithographien offenbaren das, was der menschlichen Wahrnehmung entgeht: die unsichtbaren Muster, die Vögel beim Fliegen am Himmel zeichnen. Obwohl die Ästhetik zunächst eine grundlegende Rolle im Projekt spielte, hat seine Fotografie auch eine wissenschaftliche Bedeutung erlangt. Mit den Worten von Xavi: »Es ist die Balance zwischen Kunst und Wissenschaft: ein Projekt naturalistischer Entdeckungen und gleichzeitig eine Übung in visueller Poesie.«

Der Fotograf Sören Solkaer interessiert sich vor allem für die Schwarmintelligenz der Stare.

Die Fotografie hat den Dänen Sören Solkaer bis nach Rom geführt.

Den baskischen Fotografen Xavi Bou interessiert das Zusammenspiel von Kunst und Wissenschaft.

DER STAR
FÜR DIE SEELE

Früher bin ich oft in Holland gewesen. Die Hip-Hop-Clubs waren gut, und die Fahrt von Köln dauerte nur 50 Minuten. Mit meinen Freundinnen ging es dann sonntags um neun nach Heerlen in den Club Studio 54 und nachts um zwei zurück nach Köln, um dann am nächsten Morgen um 7:55 Uhr von meinem Vater in die Schule gebracht zu werden.

Ich freue mich also ein wenig, als ich an einem schönen Septembermorgen mit einem Kaffee nach Roermond fahre. Da war ich nämlich noch nie, obwohl der kleine Ort an der Maas gelegen, nur 50 Minuten entfernt liegt, direkt an der Grenze zu Deutschland. Das liebe ich an meiner Heimatstadt Köln, dass sie so nah an Holland, Belgien, Luxemburg und Frankreich liegt und die Sprachen Holländisch, Flämisch, Luxemburgisch, Französisch und Deutsch als auch die Bräuche und die Kulturen sich vermischen. Hier gibt es gefühlt keine Grenzen, und es dauert mit dem Zug nicht einmal zwei Stunden und ich bin in Brüssel, zweieinhalb bis Amsterdam und drei Stunden bis Paris. Alles so nah, anders, aber nicht fremd – und ein Gefühl von Zuhause. Das ist Europa für mich, und ich habe mich schon immer gern als Europäerin bezeichnet.

Ich glaube, so ähnlich geht es auch meiner heutigen Gesprächspartnerin Octavie Wolters, die das wunderbare Buch *Das Lied des Stars* geschrieben hat, das 2021 erschien. Philipp und ich hatten beide ein Exemplar von ihrem Verlag erhalten, und beim ersten Durchblättern war klar, dass wir sie auf unserer Vogelreise treffen mussten. Es ist ein so berührendes Bilderbuch, das sowohl Kinder als auch Erwachsene anspricht. Auf poetische Weise erzählt es die Geschichte eines Stars, der die Schönheit der Welt besingt und mit jedem Vogel, den er trifft, neue Aspekte der Natur und des Lebens in sein Lied aufnimmt. Das

Buch vermittelt eine Botschaft über die Freude am Leben, das Staunen über die Welt um uns und die Bedeutung von Gemeinschaft. Die ersten Zeilen von Octavies Buchs lauten:

»Ich singe ein Lied, dachte der Star, ein Lied, wie schön alles ist. Und ich singe es für alle, die ihm lauschen wollen.«

Als ich nach Roermond reinfahre, sehe ich nur Neubauten. Das muss die bekannte Designer-Mall sein, zu der die Kölnerinnen fahren und für den Roermond bekannt ist. Ich verlasse die Autobahn und biege links auf eine schmale Straße, um Google Maps zu Octavies Haus zu folgen. Schulkinder sind unterwegs und laufen auf den Gehwegen über die Zebrastreifen – sie sehen aus wie die Jugendlichen in Köln. Weite Jeans, schwarze Plusterjacken und Turnschuhe. Roermond wurde im Zweiten Weltkrieg stark zerstört. Genau wie Köln war und ist die Stadt ein wichtiger Teil der Hanse und spielte eine zentrale Rolle im regionalen Handel.

Das alles weiß ich als ignorante Person natürlich nicht, als ich in Octavies Straße einbiege, und leider werde ich es bei meinem ersten Besuch auch nicht in die Altstadt Roermonds schaffen. Dafür darf ich Octavie zu Hause in ihrem Atelier besuchen, wo sie die Linolschnitt-Illustrationen für das Buch gemacht hat. Das Buch ist auf die Farben Schwarz, Weiß und Gelb reduziert, und die Technik verleiht dem Werk eine einzigartige ästhetische Tiefe, die es von typischen Kinderbüchern abhebt. Die Drucke des Stars und seiner Welt sind schlicht und klar, aber tiefgehend, genau wie Octavies Text dazu.

»Und so singt er schließlich das Lied des Lebens, das über Felder und Steine, Bäume und Blüten zieht, ins Wasser eintaucht, in den Himmel aufsteigt und die Nacht mit ihren vielen Farben erklingen lässt.
Und er singt ein Lied für sich und für dich.
Kannst du es hören?«

Als ich ankomme, steht Octavie in ihrem Atelier und wartet auf mich. Der Altbau, in dem sie und ihre Familie leben, ist beeindruckend, und die Werkstadt unten bei der Einfahrt, an deren Schaufenster fliegende Stare aus Holz hängen, sieht von außen eher wie ein kleines Geschäft aus. Neben dem Fenster an der Wand rechts stehen gerahmte und nicht gerahmte Drucke von Stieglitzen, Kiebitzen und heimischen Pflanzen. Eigentlich bin ich davon ausgegangen, dass Octavie bildende Künstlerin war und ihre Drucke zu einem Buch zusammengestellt hat. Bei unserem ersten Gespräch erzählt sie aber, dass sie eigentlich Romanautorin ist und dann in die bildende Kunst gegangen ist. Die Arbeit am Schreibtisch und die ernsten Themen, mit denen sie sich beschäftigte, taten ihr nicht gut. Sie bekam eine heftige Depression über Jahre hinweg und konnte nicht mehr arbeiten. Nach zwei Jahren tiefster Dunkelheit entstanden die ersten, noch etwas düsteren Bildideen. Eines Tages, irgendwann im Jahr 2021, entschied sie sich, die morbiden Motive durch schöne zu ersetzen, und begann mit Linolschnitt. Sie erzählt:

> »Etwas hatte sich in mir verändert, und ich wollte etwas Schönes herstellen, und so entstanden die ersten Vogelzeichnungen. Zuerst war es ein Pfau, und dann kamen alle Vögel. Ich konnte nicht aufhören. Ich habe die Linolplatte bearbeitet, und alles, was ich wegnahm, wurde hell, und der Grund blieb dunkel. Es war symbolisch für mein Leben – ich schnitze und buddele mir sozusagen den Weg ins Licht frei. Der Linoldruck hilft mir auch mit den tausenden Gedanken, die ich habe, denn du musst aufpassen beim Linoldruck, weil es wie ein Spiegel ist und meinen Kopf beruhigt.«

Das kann ich sehr gut nachempfinden. Auch mir haben Vögel aus einer schweren Zeit geholfen. Und natürlich gilt dieses Heilmittel weltweit. In seinem Blog »Bird Therapy« schreibt der

Octavie Wolters in ihrem Atelier in Roermond

Engländer Joe Harkness über die heilsame Wirkung von Vögeln. Nach jahrelangem Kampf mit schweren Depressionen und Zwangsstörungen erlitt Harkness 2013 einen völligen Zusammenbruch. Mithilfe von Medikamenten, Psychotherapie und Achtsamkeit kam er langsam wieder auf die Beine. Doch keine Therapie berührte ihn so sehr wie das intensive Erleben der Natur, vor allem beim Beobachten der Vögel. Als er wieder anfing, sich mit Birding zu beschäftigen, begriff er die Schönheit und Einzigartigkeit dieser Tiere. Sie inspirierte ihn, erdete ihn und führte ihn zu echter Selbstakzeptanz und Heilung: »Sie waren ein Anker der Verlässlichkeit. Egal, wie negativ ich alles sah, die Vögel waren immer da. Sie sind verlässlich, wie es Menschen fast nie sind«.

Harkness hat ein Buch geschrieben, *Bird Therapy*, und zeigt, wie Vogelbeobachtung dabei hilft, Achtsamkeit zu üben. Es geht darum, im Moment zu sein, Geräusche und Bewegungen der Vögel wahrzunehmen und sich mit der Natur verbunden zu fühlen. Harkness erklärt, dass diese Verbindung zur Natur eine Konstante und einen beruhigenden Einfluss in seinem Leben darstellte. Er entwickelte »Five Ways to Well Birding«, fünf praktische Ansätze, die Vogelbeobachtung für das Wohlbefinden zu nutzen. Während des Birdings fördern wir nach Harkness Achtsamkeit, körperliche Aktivität, Verbindungen zur Natur, soziale Interaktionen und Selbstreflexion.

Studien zeigen, dass Naturklänge, insbesondere Vogelgesang, Stresshormone reduzieren. Vögel und ihre Gesänge können depressive Stimmungen lindern. Der regelmäßige Kontakt mit Vögeln in freier Natur oder durch Beobachtung kann eine tiefere Verbindung zur Umwelt und eine positive Grundstimmung fördern. Auch fördert die Beobachtung von Vögeln Fokus und Geduld, wodurch sich die Achtsamkeit steigert. Und diese Eigenschaft ist ein Schlüsselprinzip in der modernen Therapie, insbesondere bei Angstzuständen und Stressbewältigung.

Der Kontakt mit der Natur hat schon im Kindesalter positive Auswirkungen auf unser Gemüt als Erwachsene. Das belegte die dänische Forscherin Kristine Engemann Jensen in einer Studie. Auf Basis von Satellitenfotos verglich sie den Vegetationsgrad in unterschiedlichen Wohnorten in Dänemark mit Statistiken zu psychischen Erkrankungen der erwachsenen Bevölkerung. Die Untersuchungen zeigten, dass Menschen, die bis zu ihrem zehnten Lebensjahr in einer von Wäldern, Parks und anderen großflächigen Grün- und Naturflächen geprägten Umgebung aufwachsen, später ein deutlich geringeres Risiko einer psychischen Erkrankung haben.

Laut der US-Forscherin Mary Carol Hunter von der Universität Michigan können bereits kurze Aufenthalte von 20 bis 30 Minuten in der Natur pro Woche den Stresspegel um mehr als 20 Prozent senken. Hunter bezeichnet diese Wirkung als »Naturpille«. Dennoch gibt es überraschend wenige Untersuchungen zum Einfluss von Vögeln – den sichtbarsten Vertretern der Natur, vor allem in urbanen Räumen – auf die menschliche Gesundheit. Vögel sind vor allem in Städten so wichtig, da sie hier oftmals die beste und einzige Verkörperung von Natur sind. Sie singen, sie fliegen, wir können sie sehen und hören.

Ein bayerisches Forschungsprojekt hat sich erstmals weltweit der Vogelbeobachtung als möglicher Beitrag zum Wohlbefinden gewidmet. »Alle Vögel sind schon da – Vogelbeobachtung in vollstationären Einrichtungen« heißt das Projekt, mit dem der Landesbund für Vogelschutz (LBV) in mehr als 40 Pflegeeinrichtungen Vogelfutterhäuschen installiert und die Heimbewohner über Grünfink, Spatz und Co. aufklärt. Vogelbeobachten als aktive Gesundheitsprävention lautet die Idee hinter dem Projekt, das von mehreren Pflegekassen mitfinanziert wird. Kann Vogelbeobachtung – neudeutsch: Birdwatching – die psychosoziale Gesundheit, die Mobilität und die geistige Leistungsfähigkeit von Menschen in Pflegeheimen fördern und zu einem besseren Wohlbefinden und mehr Lebensqualität beitragen? Die Ergebnisse der Studie rund um die Sozial- und

Organisationspsychologin Prof. Dr. Elisabeth Kals sind eindeutig: »Vogelbeobachtung als Präventionsmaßnahme zur Förderung von kognitiven Ressourcen, Mobilität und psychosozialer Gesundheit in vollstationären Pflegeeinrichtungen sind sehr gut geeignet«, schreiben die Wissenschaftlerinnen in ihrem Abschlussbericht.

Auch der britische Biologe Daniel Cox erforscht den Einfluss von Vögeln auf die psychosoziale Gesundheit. Seine Studien mit Stadtbewohnern zeigen ähnliche Ergebnisse wie die bayerische Studie: Menschen fühlen sich beim Beobachten von Vögeln entspannt und verbunden mit der Natur – zwei wesentliche Faktoren für den Abbau von Stress. Cox stellte zudem einen Zusammenhang zwischen der Anzahl von Vögeln in der Umgebung und der Wahrscheinlichkeit von psychischen Erkrankungen wie Depressionen und Angststörungen fest. Zwar betont er, dass weitere Forschung notwendig sei, doch die bisherigen Erkenntnisse zeigen: Je mehr Vögel in einer Umgebung wahrnehmbar sind, desto geringer ist das Risiko psychischer Belastungen.

Philipp und ich bekommen oft Post von Menschen, die sagen, dass unser Podcast und ihre Liebe zu Vögeln ihnen aus schweren Zeiten geholfen hat. Mich rührt das immer sehr, denn am Anfang unserer steilen Podcast-Karriere dachten wir: »Wer will sich schon unser Gelaber anhören?« Da ist es schön zu hören, dass wir ein paar Menschen ein wenig Freude bringen konnten und ihnen sogar geholfen haben, schwere Momente durchzustehen. Mir geht es auch so. Höre ich Vögel singen, ist erst einmal alles in Ordnung. Es ist keine Gefahr im Anzug. Die Welt scheint in diesem Moment okay. »Da sind sie wieder«, denke ich dann und lausche den Klängen. Und siehe da, Octavie geht es ähnlich.

> »Ich wache nachts auf, und ich höre keine Vögel. Dann fühlt es sich an, als wäre die Nacht sehr dunkel und bedrohlich fast, und dann, wenn die ersten Vogelrufe ertönen am Morgen, dann ja, dann ist es wie eine Erlösung.«

Wir sitzen seit zwei Stunden an Octavies Wohnzimmertisch und unterhalten uns über die Zeit nach ihrer Depression und wie es ihr heute so geht, nach dem Erfolg ihres Buchs, welches aufgrund seiner Gestaltung und Botschaft 2023 von der Stiftung Buchkunst als eines der schönsten Bücher des Jahres ausgezeichnet wurde.

Octavie und ich sind uns einig, dass in den Momenten, in denen wir Vögel bewusst hören und sie wirklich wahrnehmen, wir ganz im Jetzt sind. Wir erleben das Wetter, die Umgebung, riechen, sehen und hören. Meistens sind diese Momente ruhige, schöne oder außergewöhnliche Momente. Oder Momente, in denen wir aus dem Alltag gerissen werden. Ein kleine Gruppe Stare, die am Himmel fliegt, oder eine Amsel, die auf dem Dachgiebel sitzt und singt. Es sind besondere Momente, die uns als solche in Erinnerung bleiben. Wenn wir dann das Gezwitscher und den Gesang von Vögeln wieder hören, verbinden wir positive Gefühle und Erinnerungen damit.

Obwohl Octavie in Holland lebt und ich in Köln und wir verschiedene Lebensformen haben, unterschiedliche Sprachen sprechen und andere Berufe ausüben, verbindet uns die Vogelliebe. Und das ist schön. Meine letzte Frage an Octavie lautet: Warum Stare? Hatte das nur praktische Gründe, dass sie schwarz-weiß gut auf Linol zu drucken sind?

> »Ich bin keine einfache Person, besonders unter anderen Menschen tue ich mich schwer. Ich tendiere dazu, nach Zugehörigkeit zu suchen, mich danach zu sehnen, Teil einer Gruppe zu sein, ein Gefühl der Zugehörigkeit zu haben. Aber ich bin nicht dieser Typ Mensch. Ich fühle mich immer, als stünde ich außerhalb einer Gruppe ... Und ich glaube, das ist einer der Gründe, warum ich so fasziniert bin von Staren, denn sie bewegen sich so mühelos und natürlich innerhalb der Gruppe. Ich frage mich wirklich immer wieder, warum und wie sie das tun.«

DER STAR
UND MONI

Auch mir begegnete eine Geschichte, in der der Star unerwartet zum Seelenvogel wurde. Über Umwege trat plötzlich ein kleiner Star in mein Leben, kurz, aber herzlich, und ich beschloss, diese Geschichte hier zu erzählen. Zunächst einmal muss ich aber etwas ausholen, wie ich es so oft mache, wenn ich eine Geschichte erzähle.

In den circa zehn Jahren, in denen ich in Berlin lebte, legte meine Vogelleidenschaft eine kleine Pause ein. Andere Dinge waren wichtig, die Stadt, die Liebe, die Clubs und die Menschen. Ich zog mit 19 nach Berlin, und Berlin umarmte und verschlang mich. Trotzdem nahm ich die Nachtigallen auf dem Heimweg aus der Disco wahr, genauso wie die Berliner Habichte, die Turmfalken und Feldlerchen auf dem Tempelhofer Feld und auch die Stieglitze in Kreuzberg. Die vielen Möwen allerorten und auch die vielen, vielen Nebelkrähen. Und natürlich die Stare, die im Herbst in Schwärmen in die begrünten Hinterhöfe einfielen, um dort zu schlafen. Die Vögel umgaben mich, aber ich beschäftigte mich nicht besonders mit ihnen und ihren Geschichten.

Das änderte sich schlagartig, als ich aufs Land zog. Natur und Vögel nahmen nun wieder einen ganz anderen Raum ein. Während der Pandemie wurde es noch stiller um uns her, doch die Vögel waren da, strahlten Beständigkeit aus und wurden mir wieder zu meinen liebsten Freunden. Fasziniert nahm ich neue Arten bei uns wahr. Der Pirol, die Kraniche, die Klappergrasmücke, die Grauammer, das Schwarzkehlchen – Arten, die mir weder in meiner Kindheit noch in Berlin begegneten, waren plötzlich Teil meiner direkten Umgebung. Ich sah und hörte sie täglich.

Ich weiß nicht, wann ich begann, mich ehrenamtlich vor Ort im Naturschutz zu engagieren, aber irgendwann sprach sich herum, dass ich Ahnung von der Vogelwelt hatte und dass ich etwas tun wollte. Ich wollte mich engagieren, und auch wenn die Brandenburger nicht gerade dafür bekannt sind, einen sofort und herzlich mit offenen Armen zu empfangen – wenn man dieselben Themen hat und das Herz für dieselbe Sache schlägt, gelingt diese Öffnung oft schneller als gedacht. Besonders im Naturschutz habe ich die Erfahrung gemacht, dass in vielen Dingen die Lage so aussichtslos ist, so demotivierend, dass die gemeinsame Arbeit für die gute Sache einen neu motiviert und man zusammenhält, hat man erst einmal Gleichgesinnte gefunden. So kam auch Moni in mein Leben, und ich bin bis heute dankbar, dass wir uns getroffen haben.

Eine kleine, grauhaarige Dame mit Bommelmütze, breitem Lächeln und liebevollen hellen Augen stellte sich mir vor, und wir waren schnell auf derselben Wellenlänge. Von ihr ging eine Wärme aus, die ich bis heute spüre, wenn wir uns sehen. Es gibt diese Menschen, mit denen muss man nicht viel Worte wechseln, und man spürt, wie gut sie sind. Moni ist so ein Mensch, so ein Wärmemensch, Herzensmensch, ein wahnsinnig guter Mensch. Moni arbeitet seit Jahren mit Haut und Haaren im Naturschutz, betreut Amphibienzäune, leitet Umweltgruppen und Natur-AGs in den örtlichen Schulen und Kitas. Manches Mal durfte ich Moni begleiten, und wenn sie beispielsweise den Schulhof betrat, war sie sofort umzingelt von Kindern. Moni liebt Kinder, sie sieht in ihnen ganz unvoreingenommen eine große Chance, die Welt zu entdecken, ganz neu zu begreifen, lieben zu lernen und letztlich auch zu schützen.

Ich erinnere mich genau, wie Moni mich eines Tages mit dem Auto einsammelte, um mit mir die Umgebung zu erkunden. Mit 20 Kilometer pro Stunde fuhren wir mit ihrem kleinen Zweisitzer-Jeep über Feldwege und Holperstraßen; und als hätte sie meine Gedanken erraten, sagte Moni: »Ich fahre immer Schleichwege. Sonst sehe ich ja gar nichts von der Welt!« Das leuchtete mir ein, und diese Gelassenheit beeindruckte mich. Sie zeigte mir die Gegend, in die ich ja gerade erst gezogen war, aus einer neuen Perspektive. Zeigte mir, wo die Käuzchen wohnten, versteckte Teiche und urige Wälder, die kein Mensch kannte. Sie zeigte mir die Knoblauchkröten, die ich seitdem so liebe, denn kein anderer Lurch hat solche Augen und so ein niedliches Gesicht. Sie zeigte mir, wie man Insekten mit einem Kescher fing, um sie nach vorsichtiger Inspizierung und kurzem Staunen wieder fliegen zu lassen.

Einmal im Sommer kam sie mit einer kleinen Kiste zu uns, in der es rappelte und zappelte. Monis Auto und Kofferraum war immer voll beladen mit kleinen Becherlupen für die Kinder, Terrarien mit Erde, Eimerchen mit Tannenzapfen, Moos, Büchern, mit lauter Dingen, die es zu entdecken galt. Nun also holte sie eine kleine Box aus dem Auto und lupfte ein Tüchlein.

Ich staunte nicht schlecht: Ein Maulwurf krabbelte hin und her, der Arme konnte ja nicht gut gucken, stattdessen streckte er sein Schnäuzchen, das einem kleinen Rüssel gleicht, in die Luft. So nah hatte ich noch nie einen Maulwurf gesehen. Moni erzählte, dass er in einen Eimer am Krötenzaun gefallen war und sie ihn auf einer Wiese aussetzen wollte. Ich zögerte nicht lange – warum nicht direkt bei uns? Gesagt, getan. Ich glaube, bis heute bin ich der einzige Mensch hier im Dorf, der sich einen Maulwurf in den Garten geholt hat, statt einen zu vertreiben. Es passt aber zu mir, es passt zu Moni, und wir lachten viel bei dem Gedanken daran, für wie verrückt uns die Leute halten müssten. In diesen Momenten fühlten wir uns verbunden. Lass die Leute doch reden. Auch das hat Moni mir beigebracht.

Es gibt keinen besseren Helfer im Garten als den Maulwurf, er durchlüftet die Erde und vertreibt Wühlmäuse. Noch heute glaube ich fest daran, dass es Monis Maulwurf ist, der bei uns lebt, und ich freue mich täglich über die stattlichen Haufen auf unserer Wiese.

Das nächste Tier, das buchstäblich bei Moni landete, war ein junger Star. Er wurde ihr gebracht, war bei Baumfällarbeiten aus der Baumhöhle gefallen, und da Moni in der gesamten Gegend bekannt für ihre Tierliebe und ihr großes Herz ist, landete der kleine Piepmatz bei ihr. Es entspann sich eine innige Beziehung, die uns viel über Stare, ihr Verhalten und ihren Charakter lehrt. Als ich das erste Mal Fotos von Moni und ihrem Star per WhatsApp von ihr bekam, ging mir das Herz auf. Irgendwie passten die zwei zusammen. Der kleine Star saß auf Monis Schulter und guckte, als würde er sich dort ziemlich wohlfühlen. Und von Moni wusste ich, dass sie auch nicht traurig über diese Gesellschaft war.

Als ich mich im Sommer mit Moni in unseren Garten setzte, wie immer mit einem riesigen Glas Wasser und einem schwarzen Kaffee für Moni, hinten in der Hollywoodschaukel am alten Backhaus, erzählte sie mir die Geschichte von »Söckchen«. Söckchen hieß er, weil sie ihm das Essen zeitweise richtig in den Rachen stopfen musste, stopfen wie eine alte Socke, sagte sie lachend. Ich meinte, eine Träne in ihrem Auge entdecken zu können, die ausnahmsweise nicht vom Lachen kam. Denn zu dem Zeitpunkt war Söckchen schon fortgeflogen, Moni sagte, so sollte es sein – aber sie vermisste ihn. In kurzer Zeit hatten sie und Söckchen eine tiefe Bindung zueinander aufgebaut. Ein Zeichen dafür, was für soziale Tiere Stare sind, sagt Moni. Ich wollte es genauer wissen, hatte ich doch viel zum Sozialverhalten von Staren gelesen, aber Moni war ihrem Star so nah gekommen wie selbst ich in unserem Film nicht.

Sie erzählte mir, dass sie noch nie einen Vogel aufgezogen hatte, der so sehr von sich aus ihre Nähe gesucht hat. Und der kleine Star war nicht fehlgeprägt; Moni kennt sich ja aus, sie hat schon viele verwaiste Jungvögel großgezogen – ihr Ziel war es immer, ihn wieder auszuwildern. Eigentlich wollte sie ihn auf Abstand halten, das ist wichtig, wenn man ein Tier wieder in die Natur integrieren möchte. Er durfte auch frei fliegen in ihrem Garten, aber zu Beginn wollte er das gar nicht. Nachdem er gefüttert worden war, krabbelte er immer direkt auf ihre Hand, den Arm hoch und machte es sich auf ihrer Schulter, nah am Ohr, halb unter ihrem Haar, gemütlich.

Moni: So etwas habe ich noch nie erlebt. Also, du weißt ja, man sieht Stare ganz selten alleine fliegen. Eigentlich nie. Das ist ein ganz sozialer Haufen. Aber ich war wohl seine Bezugsperson. Wenn ich drinnen zu tun hatte, habe ich alle Türen aufgelassen, und er kam alle fünf Minuten reingelaufen, auf die Türschwelle, um zu gucken. Dann hat er geguckt und gerufen: Bist du noch da? Und ich hab gesagt, ja, ich bin noch da, alles ist in Ordnung. Willst du was essen? Nö. Und dann ist er wieder rausgegangen, beruhigt, dass ich noch da war.

Philipp: Also hattet ihr eine ganz eigene Kommunikation?
Ja, wir haben eine eigene Kommunikation entwickelt. Das war total verrückt.

Stare gelten ja als intelligente Vögel. Hast du das auch so wahrgenommen?
Ja, ich habe das ganz genau so wahrgenommen. Und zwar habe ich das jetzt wieder beobachtet: Bei mir im Hof steht ganz viel Holunder. Die Stare dürfen in den Holunder und sich die Beeren holen, aber sie haben eine ganz eigene Taktik. Einmal bin ich in der Früh zum Komposthaufen gegangen, die Stare saßen im Holunder und haben mich nicht gesehen. Als ich weggegangen bin vom Komposthaufen, ist der ganze Schwarm weggeflogen. Aber zwei sind oben auf der Scheune sitzen geblieben und haben immer Bescheid gesagt. Die haben ständig mit dem weggeflogenen Schwarm, der nicht weit entfernt auf dem Acker gelandet war, kommuniziert: »Sie ist noch da!« Und wenn ich dann hinter die Tür gegangen bin, hörte ich zwei Rufe – und der ganze Schwarm kam wieder in den Hof zum Holunder. Das habe ich schon viele Jahre beobachtet, dass immer zwei, drei Wächter meist oben auf einem Dach sitzen und Bescheid sagen. Ich brauchte nur ins Auto einzu-

Moni hat mir beigebracht, Augen und Herz zu öffnen für die kleinsten Lebewesen, die uns umgeben. Keine Blüte, kein Insekt bleibt unentdeckt, wenn man mit Moni durch die Gegend streift.

steigen, ich hatte noch nicht mal die Tür zugemacht, saß halb drinnen im Auto, da haben die oben gerufen: »Die Luft ist rein, sie haut ab!« – und dann sind sie gekommen. Und genau das hat mein kleiner Star auch gemacht. Der hat ständig mit mir in Funkkontakt gestanden, ist wirklich andauernd gucken gekommen. Und hat gefragt: »Bist du noch da?« Manchmal kam er auch einfach an und wollte wirklich kuscheln. Ja, dann ist er um mich rum, ist schließlich an meinem Bein hochgeklettert, dann hoch auf meine Schulter, hat sich so halb unter mein Haar drunter gesetzt und sich an mich geschmiegt.

Du hast ja nun schon viele Vögel erlebt, auch andere Vogelarten. Was hast du durch ihn gelernt, was war besonders an ihm, vielleicht auch typisch für einen Star?

Dieses ständige Kontakt halten, das habe ich bis jetzt bei keinem anderen Vogel gehabt. Das fand ich echt verrückt. Wir haben einfach zusammengehört. Wir haben zusammen gegessen, und wenn er fertig war, hat er mich angeguckt: So, jetzt will ich wieder auf deine Schulter.

Er hat auch viel gespielt. Auf dem Tisch stand eine Dose mit Stiften, die hat er ausgeräumt und wieder eingeräumt. Fast wie eine Krähe. Der war sehr intelligent. Ja, er hat auch manchmal einfach aus Gaudi die Schale ausgeräumt und alle Stifte runtergeschmissen. Einfach so, und dann hat er sich gefreut, jedenfalls kam es mir so vor.

An unserem letzten gemeinsamen Tag, ich kam von einer sehr anstrengenden Veranstaltung relativ spät nach Hause, war ihm wahrscheinlich in der Küche kalt geworden. Jedenfalls kam er mir entgegen, als ich das Haus betrat, und hat sich gleich erst mal draußen in die Sonne gesetzt. Er hat die Flügel breit gemacht und hat Sonne getankt, das hatte er schon öfter gemacht. Ich habe ihm alle Türen offen gelassen, wie immer. Dann bin ich reingegangen und hab mich hingelegt. Ich war todmüde. Als ich dann rausgekommen bin, sah ich gleich, dass er weg war. Ich hab eine Stunde nach dem Piepmatz gesucht. Ich konnte ihn nirgends finden. Später musste ich dann dringend weg. Und er war wirklich von jetzt auf null verschwunden, so wie Stare das eben machen. Und da ich keine Federn gefunden habe, gehe ich davon aus, dass er mit den anderen mitgeflogen ist. Mit dem Schwarm, der sich bei mir in der Nähe immer aufgehalten hat. Das ist meine Hoffnung.

Bist du traurig?

Ja, sehr. Aber es ist nicht seine Lebensaufgabe gewesen, bei mir zu wohnen. Und trotzdem. Ich vermisse ihn schrecklich. Das war so eine tolle Lebenserfahrung.

Ist das nicht verrückt, was für eine Bindung man zu so einem kleinen Wesen aufbaut?

Ja, vor allen Dingen war er es ja selbst, der diese Bindung so aufgebaut hat. Indem er wie ein kleiner Hund ankam. Ich wollte ja, dass er wild blieb, ich wusste, dass er wieder ausgewildert werden muss, er gehört ja in die Natur. Aber er hatte Interesse an dieser Bindung, er wollte meine Nähe. Alles ging von ihm aus. Es war eine wunderschöne Erfahrung.

Dass Stare schnell von ihren Eltern unabhängig werden, das ist mir auch schon aufgefallen. Wie Moni es erzählte – von jetzt auf gleich war er weg, und so ist es auch in der Natur. Anders als zum Beispiel Meisen, die noch tagelang von ihren Eltern gefüttert werden, reißt die Bindung von jungen Staren zu ihren Eltern schnell ab. Die Vögel verlassen das Nest und schließen sich mit anderen Jungstaren zusammen, mit denen sie dann über die Lande ziehen. So wie es Söckchen mit seiner Ziehmutter Moni gemacht hat.

Auch wenn der Abschied wehtat – Moni ist sich sicher: Ihr kleiner Star „Söckchen" hat sich den anderen Jungstaren aus der Gegend angeschlossen, so wie es sich für einen Halbstarken gehört – und nun machen sie gemeinsam die Welt unsicher.

DER STAR *IN DER LUFT*

»In diesem Tanz führt niemand. Oder eher: Alle führen und alle folgen.«

Mats und Asa Ottosson

Antonia

Wer kennt sie nicht? Die wundersamen Figuren am Himmel, die sich in den schönsten Variationen formen und über die Dächer bewegen. Wir alle haben sie schon einmal live gesehen, im Fernsehen oder im Internet bewundert. Bevor ich den Star individuell kennenlernen durfte, kannte ich ihn bereits aus der Luft. Neben Schwalben und Mauerseglern sind Stare absolute Luftakrobaten und am Himmel weitaus bekannter als auf dem Boden. Hoch oben tanzen Stare wie ein einziger sich wogender und verändernder Organismus. Alle führen und alle folgen. Seit jeher wird die Murmuration dieser Vögel von Ornithologen, Psychologen, Dichtern und Physikern beschrieben. Doch noch immer ist man nicht sicher, warum sich die wabernden, kreisrunden Himmelsschwärme bilden.

Stare orientieren sich in jeder Lebenslage aneinander – im Gesang, auf dem Zug und im Schwarm. Schon im frühen Sommer bilden sich direkt nach der ersten Brutzeit Trupps aus Jungvögeln und unverpaarten Staren. Je näher der Herbst rückt, desto größer werden die Schwärme. Früher waren es Millionen von Vögeln, heute sind es in Deutschland nur noch ein Bruchteil. Bei Flugmanövern über Sammel- und Schlafplätzen sowie beim Angriff von Greifvögeln ziehen sich Schwärme unter Steigerung der Fluggeschwindigkeit sehr schnell zu sphärischen Gebilden auseinander und zu kugelförmigen Gebilden zusammen.

Die »Wolkenzüge« begeistern vor allem, da Hunderte von Staren in engen, ständig wechselnden Formationen fliegen, ohne zusammenzustoßen. Die abrupte und scheinbar völlig konforme Reaktion aller Individuen bei den Änderungen von Form, Tempo und Richtung des Schwarms kommt durch visuelle Kommunikation zustande. Zeitlupen zeigen, dass akzentuierte Flugbewegungen der Vögel an beliebiger Stelle des Schwarms sich wellenförmig ausbreiten. Benachbarte Vögel folgten dem Impuls mit normaler, entferntere mit auf ein Drittel verkürzter Reaktionszeit; sie können die Ankunft der Welle abschätzen. Das Flugverhalten dieser imposanten Wolke aus Tausenden von einzelnen Vögeln konnte sich niemand erklären. Bis sich 2021 der mit dem Nobelpreis für Physik ausgezeichnete Forscher Giorgio Parisi des Schwarms annahm.

Giorgio Parisi, Jahrgang 1948 und Autor des Buches *Der Flug der Stare*, hat sich im Laufe seines Forscherlebens oft mit solchen komplexen Systemen beschäftigt, die aus einer Vielzahl von Akteuren bestehen. Das können Atome, Moleküle, Vögel, die Nervenzellen unseres Gehirns oder Teilnehmer von ökonomischen Prozessen sein. In seinem Buch erklärt der theoretische Physiker die Interaktionsregeln, die den spektakulären Flugmanövern der Stare zugrunde liegen. Wie schaffen es die Vögel, aufeinander zu reagieren und dabei Fluktuationen und lokale Unordnung in ein harmonisches, koordinatives Gesamtverhalten umzuwandeln?

Bevor Giorgio Parisi aber in die Physik eintaucht, widmet er sich zuerst dem Verhalten der Stare in Rom, seiner Heimatstadt. Er vermutet, dass die abendlichen Luftballette der Stare dazu dienen, einen passenden Schlafplatz zu finden. Sie sind auf diese Schlafplätze angewiesen und sitzen am liebsten dicht an dicht in den hohen Laubbäumen des Flussufers. In einer kalten Nacht können die Tiere auch sterben, wenn sie nicht die richtigen, belaubten Bäume finden. Die Wahl des richtigen Schlafplatzes ist eine Frage von Leben und Tod, so Parisi. Hierfür muss man wissen, dass bei seinen wissenschaftlichen Erhebungen damals noch drei bis vier Millionen Stare im winterlichen Rom gezählt wurden. Ein unglaublicher Schwarm, der für viele Römerinnen und Römer ein Störfaktor war. Ihre Exkremente verschmutzten Straßen, Denkmäler und Autos. Die Stadtverwaltung setzte verschiedene Maßnahmen wie akustische Störsignale und Lichtinstallationen ein, um die Schwärme zu stören und zu vertreiben.

In 3D sieht ein sich bewegender Star aus wie eine Scheibe, erklärt Parisi. Die gewaltige und schnelle Veränderung der Form und der Dichte des Schwarms entsteht durch die dreidimensionale Wirkung der sich verändernden Ausrichtung der Vögel. Die koordinierte Bewegung innerhalb der großen Gruppe wird dadurch ermöglicht, dass sich der individuelle Vogel an etwa sieben Nachbarn in seiner direkten Umgebung orientiert. Dabei hält er zu dem Vogel vor und hinter sich einen größeren Abstand als zu dem neben ihm. Diese Flugregeln minimieren die Komplexität des Schwarms, da der Einzelne nur auf die Nahestehenden achtet und nicht alle Vögel des Schwarms berücksichtigen muss.

Stare passen also ihre Geschwindigkeit und Flugrichtung ihren Nachbarn an, wobei sie darauf achten, eine optimale Distanz einzuhalten, um Kollisionen zu vermeiden. Australische Wissenschaftler fanden heraus, dass Vögel potenziellen Kollisionen ausweichen, indem sie immer nach rechts ausweichen – das könnte auch für Stare zutreffen. Und noch etwas ist interessant: Am Rand der Vogelwolken fliegen Stare enger beieinander als in der Mitte des Schwarms. Das liegt wahrscheinlich daran, dass ein Vogel isoliert leichte Beute ist, je enger die Vögel fliegen, desto unangreifbarer sind sie.

Bemerkenswert ist auch, dass es keine zentrale Steuerung im Schwarm zu geben scheint. Die Entscheidungen über Richtungsänderungen oder Fluchtrouten erfolgen durch lokale Reaktionen, die sich wie eine Welle durch den Schwarm ausbreiten. Diese Schwarmintelligenz, also die kollektive Entscheidungsfindung, ermöglicht es den Staren, Greifvögeln zu entkommen oder gemeinsam geeignete Schlafplätze zu finden. Die Dynamik ist so fein abgestimmt, meint Parisi, dass Veränderungen in Millisekunden umgesetzt werden. So meistern sie die Komplexität in Schwärmen durch einfache Regeln.

Philipp und ich werden oft gefragt, warum die Vögel so große Schwärme bilden und in der Luft herumwirbeln. Ganz genau weiß das niemand. Man geht aber davon aus, dass zum einen die Gruppengröße Schutz vor Greifvögeln und anderen Prädatoren bietet, und zum anderen viele warme Körper in kalten Nächten Wärme geben und die Gruppe von einer kollektiven Wachsamkeit profitiert – einer von vielen könnte die Gefahr frühzeitig erkennen und warnen.

Greifvögel jagen gezielt. Sie fokussieren sich auf ein bestimmtes Objekt, also einen einzelnen Vogel. Große und kompakte Schwärme verwirren die Jäger. Deshalb haben die Greifvögel oft keinen Erfolg bei ihren Angriffen auf die Starenschwärme. Studien aus Rom belegen sogar, dass Stare in Gebieten mit vielen Wanderfalken größere, kompaktere Schwärme bilden, was ihre Sicherheit erhöht. Ironischerweise sind die Wanderfalken in Rom in weniger bedrohten Gebieten erfolgreicher, da die Stare dort weniger auf Angriffe vorbereitet sind.

Der Verhaltensforscher Martin Wikelski vom Max-Planck-Institut für Ornithologie in Radolfzell zweifelt jedoch beide Theorien an. Er vergleicht einen Starenschwarm mit einer Sandbox, die man schüttelt und bei der die schweren Sandkörner zuerst rausfallen und sich niederlassen. Auf die Stare übertragen bedeutet das, dass die schweren vollgefressenen Stare sich zuerst in die Bäume setzen, da ihnen das Fliegen zu anstrengend ist. Die anderen Vögel folgen ihnen mit dem Ziel, am nächsten Morgen zusammen zu den ergiebigen Fressgründen zu fliegen. Bislang ist das nur eine Hypothese von Martin, und er plant, hierzu weiter zu forschen.

Ich kann mich noch an Schwärme von Staren über den Dächern von Berlin-Mitte erinnern. Es ist ungefähr zehn Jahre her. Ich stand bei meiner Freundin Evi am Fenster im fünften Stock

Der Flug der Stare über Rom

ihres Plattenbaus in Mitte und beobachtete die Vögel. Damals übernachteten sie und die Nebelkrähen am Berliner Dom. Leicht wie Federn stieg und fiel der Schwarm, Hunderte, wenn nicht Tausende Individuen formten eine Einheit. Blitzschnell und doch erhaben schwebte das Gebilde über der Hauptstadt. Heute sucht man solche Riesenschwärme vergeblich. Das Gleiche in England, den Niederlanden, Dänemark und Italien – die Stare werden immer weniger. Unsere Vogelwelt befindet sich im Wandel; vieles verändert sich. So sind die meisten angestammten Schlafplätze der Stare auch in Berlin heute leer.

Seit einiger Zeit versuche ich Martin Wikelski persönlich zu treffen. Ich will erfahren, ob er weiß, wo die Schwärme hin sind. Der Verhaltensbiologe leitet das Max-Planck-Institut für Ornithologie in Radolfzell am Bodensee und hat sich auf die Wanderwege von Zugvögeln und anderen Tieren spezialisiert. Das von ihm ins Leben gerufene Icarus-Projekt sammelt Signale von Tausenden von Tieren, unterstützt von Weltraum-Satelliten. Ich hatte schon oft von Martins Arbeit gelesen, wurde aber erst durch einen Artikel 2023 darüber informiert, dass er Stare mit kleinen Sendern ausstattete – und nicht wenige. Wir telefonierten und wollten uns in Berlin treffen, aber leider kam es nicht dazu. Ich stand am Bahnhof Zoo und er am Alexanderplatz. Ich wollte ihm die Berliner Stare zeigen, die wir gerade filmten. Das zweite Mal waren Philipp und ich am Bodensee, nur 30 Minuten von Radolfzell entfernt und freuten uns, Martin endlich besuchen zu können – doch leider war er zu der Zeit im Ausland.

Also sprechen wir im November 2024 am Telefon, und ich bin ein wenig überrumpelt von seiner sehr sympathischen, direkten Art. Auf meine Frage, ob wir überhaupt etwas über Stare wissen, wie sie ziehen, wohin und wie viele es sind, antwortet er:

> »Es gibt natürlich Funde von beringten Vögeln, bei denen man sagt. Na ja, da kam eben mal einer aus Polen, einer

aus Holland und einer aus Hamburg oder so. Aber es sind ja Millionen von Tieren, und wo die alle herkommen? Es wurde ja nur an ein paar Stellen beringt, und dass man dann irgendwelche Ringe irgendwo wiederfindet, ist ja klar, aber es heißt ja nix.«

Martin und sein internationales Team wollen deshalb demnächst die sogenannte Death Map erforschen. Sie wollen 10 000 Kleinvögel in Europa besendern und herausfinden, wo sie sterben:

»Wir haben in Europa fünf Milliarden Zugvögel. Zweieinhalb Milliarden sterben jedes Jahr. Klar, viele in Afrika. Aber sagen wir mal, eine Milliarde in Europa. Wie viel sieht man davon? Einen, den die Katze bringt, und einen am Fenster. Das war's dann. Also, irgendwas passiert da. Da ist so ein schwarzes Loch. Das sind jedes Jahr eine Milliarde Vögel, die da sterben, und keiner weiß wo.«

Ich frage, warum es keine vernünftigen Populationsdaten über Stare gibt. Auch nach mehreren E-Mails und Anrufen beim Dachverband Deutscher Avifaunisten (DDA) haben wir keine Antwort erhalten:

»Wenn man Vögel beringt, dann braucht man 30 oder 50 Jahre, um überhaupt die Veränderung zu sehen. Dafür müssen ja Tausende oder Hunderttausende von Vögeln beringt werden, und das macht keiner mehr. Es werden heute keine Stare mehr beringt, weil sie einfach zu viele Daten geliefert haben, die uninterpretierbar waren. Die Beringungszentralen wollten das nicht mehr, weil es ihnen zu viel Arbeit war. Deswegen stehen wir jetzt da und haben auch keine vernünftigen Populationsdaten. Es gibt schon so ein paar Ideen, dass sie im Osten zunehmen und im Westen abnehmen, aber letztendlich weiß es keiner.«

Dabei war der Star einer der am meisten wissenschaftlich untersuchten Vögel überhaupt. Es begann im Herbst 1899, als der Lehrer Hans Christian Cornelius Mortensen (1856–1921) 165 Stare und zwei Spatzen mit Aluminiumringen ausstattete. Auf den Ringen hatte er den Namen seines Heimatortes und eine laufende Nummer gestanzt. Obwohl er im ersten Jahr keine Rückmeldung erhielt, setzte er die Beringung 1900 mit weiteren 410 Staren und vier Haussperlingen fort. Diese Ringe bekamen zusätzlich die Inschrift »M. Danmark«. Bereits im selben Jahr kamen die ersten beiden Meldungen zurück: Ein Star war in Holland und einer in Norwegen geschossen worden. Obwohl es schon davor Markierungen an Vögeln gegeben hatte, gilt das Jahr 1899 als die Geburtsstunde der heutigen wissenschaftlichen Vogelberingung. Jeder Vogelfund bietet Informationen über ein Vogelleben und die Wanderung – es war ein Durchbruch der Vogelzugforschung, und die Stare waren die erste Art, die man auf diese Weise erforschte. Seitdem liegen viele Funde vor, die das Zugverhalten detailliert zeigen.

Was wissen wir also über den Starenzug heute? Das Brutgebiet der Stare umfasst mit einigen Ausnahmen fast ganz Europa einschließlich Island. In Nordeuropa ist der Star Zugvogel und weiter südlich sogenannter Teilzieher oder Standvogel. In Deutschland beringte Stare wurden nahezu in ganz Europa gesichtet. Die Stare aus dem Nordosten wurden weit gestreut zwischen England und Nordwestafrika gefunden. Stare aus Süddeutschland überwintern oft in Süd- oder Westfrankreich, auf der Iberischen Halbinsel oder in Nordwestafrika. Doch es gibt auch viele Stare, die nahe den Brutplätzen in Deutschland überwintern.

Bevor es für die ziehenden Stare in den Süden geht, gibt es den sogenannten Zwischenzug der Jungvögel. Jungstare ziehen zum Beispiel aus Dänemark und dem Baltikum direkt nach dem Ausfliegen nach Norddeutschland und kommen schon im Juni oder Juli an. Der Zwischenzug endet beim Jungstar dann vor der im ersten Jahr stattfindenden Vollmauser. Der eigentliche Herbstzug beginnt im August/ September.

Stare ziehen normalerweise nicht in der Nacht. Während ihrer Migration fliegen sie hauptsächlich tagsüber, weil sie auf visuelle Orientierung angewiesen sind, um ihren Weg zu finden. Dabei nutzen sie Landschaftsmerkmale, den Sonnenstand und auch das Magnetfeld der Erde, um ihre Route zu bestimmen. Im Gegensatz zu nachtaktiven Zugvögeln wie Singdrosseln oder Rotkehlchen, die sich während des Zugs an Sternen oder dem Mond orientieren, verlassen sich Stare vor allem auf visuelle Reize, die sie bei Tageslicht wahrnehmen können. Die Fähigkeit, die Sonne als Richtungsinformation, als Kompass, zu benutzen, hat 1949 erstmals Gustav Kramer vom Max-Planck-Institut anhand von Staren gezeigt. Ein in einem Rundkäfig gehaltener Star zeigte unter klarem Himmel eine eindeutige arttypische Richtungswahl. Unter bedecktem Himmel war diese Orientierung jedoch nicht möglich. Wurde durch einen Spiegel der Einfallswinkel der Sonne verändert, änderte auch der Star im Richtungskäfig analog seine Richtung.

Egal ob in der Nacht oder am Tag, Zugvögel zeigen zwei grundlegende Orientierungsstrategien: die Kompassorientierung und die Zielorientierung. Dieses Phänomen wurde auch bei Staren untersucht. Der niederländische Forscher A. C. Perdeck fing Stare aus dem Baltikum während ihres Herbstzugs in Holland und brachte sie per Flugzeug in die Schweiz, wo er sie beringt freiließ. Die Jungvögel, die zum ersten Mal auf Herbstzug waren und das Zielgebiet nicht kannten, wurden später in einem Gebiet von Südfrankreich bis Portugal wiedergefunden. Sie behielten ihre ursprüngliche Zugrichtung, die sie durch Holland genommen hätten, bei und flogen so lediglich durch Kompassorientierung. Sie besaßen also keine Kenntnis über die Lage ihres eigentlichen Zielgebietes. Die Altvögel aus dem Baltikum flogen vorwiegend in Richtung ihres bekannten Winterquartiers in Nordfrankreich oder England. Diese Tiere nutzten eine »mentale Karte«, die sie im Vorwinter entwickelt hatten, und fanden ihren Weg durch Zielorientierung. Diese erfordert die Fähigkeit zur Navigation, also das Erkennen der eigenen Position im Verhältnis zum Zielgebiet und die entsprechende Anpassung der Flugroute. Es ist faszinierend, was Zugvögel leisten.

Da Stare sehr soziale Tiere sind und normalerweise in Schwärmen ziehen, kann es auch sein, dass sich die Jungstare im Perdeck-Versuch der einheimischen Schweizer Population angeschlossen haben, von der bekannt ist, dass sie in Spanien überwintert. Sozialer Kontakt kann also ein wichtiger Faktor in der Steuerung des Zugablaufs sein und das angeborene Zugprogramm ändern. Perdeck hat mit seinem Experiment aber klar gezeigt, dass erstmals ziehende Stare (und auch andere erstmals ziehende Arten) über eine vererbte Zugrichtung verfügen und dieser folgen, wenn sie allein ziehen.

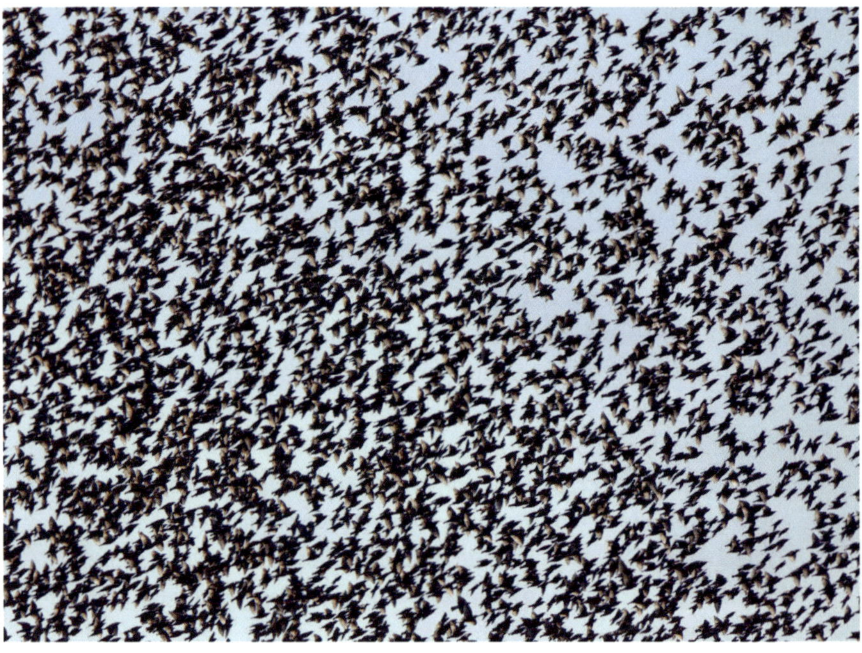

Stare meistern die Komplexität in Schwärmen durch einfache Regeln. Zu sehen hier in Berlin ebenso wie in Rom.

DER STAR *UND SEIN LIED*

Heute Morgen, es ist Dezember, bin ich spazieren gegangen und habe mein wohl liebstes Starengeräusch gehört. Ein langes, ein wenig melancholisch klingendes Pfeifen. Im ersten Moment denkt man, es sei ein Einzelton, aber wenn man genau hinhört, bemerkt man danach ein leises Geschwätz. Ich bilde mir ein, diesen einen Pfiff schon einmal im Stadtwald gehört zu haben, immerhin gehe ich jeden Morgen mit den Hunden raus. Ganz so unwahrscheinlich ist es nicht. Stare sind oft an ihren Pfiffen zu identifizieren. Die artspezifischen Pfiffe variieren lokal in einem komplizierten Dialektgefüge. Im Winter ist die Benutzung der Pfiffe und die Häufigkeit eine andere als im Herbst oder im Sommer. Es kommt auch auf die Umgebung und den sozialen Kontext an. Mein Kölner Star im Stadtwald gehört einer überschaubaren sesshaften Gruppe an, und ich finde, er oder sie pfeift besonders lang und dramatisch.

Natürlich haben Stare noch viele andere Töne, die ich mag – sie können sich piepsend, klappernd, lachend, jauchzend oder schreiend anhören. Dabei integrieren sie andere Vogellaute wie die der Amsel, des Pirols, des Falken oder des Mäusebussards. Ich bin jedes Mal aufs Neue überrascht und entzückt zugleich über dieses Können. Imitationen und Gesangsfragmente von 70 Vogelarten wurden bereits beschrieben. Ich denke, es sind weitaus mehr. Zwar lernen sie die meisten Rufe, Pfeiftöne und ihr Trällern in der Jugend, doch wird die Gesangsvariabilität ihr Leben lang erweitert. Es kommen Nachahmungen von Fröschen, Hühnern oder Enten, von Hund, Katze, Schaf und auch technischen Lauten vom Rasenmäher bis zur Trillerpfeife oder S-Bahn-Türen hinzu. So gibt der Gesang auch Aufschluss über die Herkunft des Individuums.

Stare lernen das, was sie hören. Sie beginnen ihre Gesangslaufbahn mit nur drei Wochen. Dabei gleichen sie die exakte Ausprägung des Gesangs individuell an die Kolonie und ihre Schwarmmitglieder an. Die einjährigen Stare haben kürzere Strophen und ein kleineres Repertoire als die älteren Tiere besonders im zweiten variablen Gesangsteil. Aber sie lernen schnell dazu, ihr ganzes Leben lang. Je älter und erfahrener die Stare, desto größer ihr »Wortschatz«. Ein männlicher Star hat umso mehr »Game« bei den Ladys, je variantenreicher sein Gesang ist: Weibchen reagieren positiver auf eine komplexe Reihe von Tönen und Phrasen als auf Wiederholungen. Will ein Star gut ankommen, so muss er neue Versionen seiner Lieder erlernen und den akustischen Katalog im Laufe seines Lebens immer wieder überarbeiten. Andere Singvögel, wie zum Beispiel der Buchfink, erlernen ihren artspezifischen Gesang im ersten Jahr ihres Lebens, und dann war es das. Basta.

Eine bahnbrechende Studie des belgischen Biologen Professor Marcel Ens von der Universität Antwerpen aus dem Jahr 1997 zeigte, dass der Gesang der Stare hochgradig strukturiert und organisiert ist. Das entdeckte er, als er den Klang mithilfe von Spektrografen, visuellen Darstellungen des Vogelsangs, analysierte. Ein Lied kann bis zu einer Minute dauern und weist eine komplexe syntaktische und zeitliche Organisation auf. Es besteht aus vielen verschiedenen Einheiten, die einmal, zweimal oder mehrere Male wiederholt werden, bevor die nächste Einheit eingeführt wird. Phrasen werden meist zwei- oder mehrmals wiederholt, bevor der nächste »Phrasentyp« kommt. So umfasst ein vollständiges Starenlied normalerweise vier relativ unterschiedliche Abschnitte oder Kategorien von Phrasen, die an bestimmten Stellen auftreten. Um seine Chancen auf Erfolg zu maximieren, wird ein männlicher Star oft eine Reihe verschiedener Gesangstypen kombinieren, dabei schöpft er aus einem Gesamtvokabular von bis zu 35 Sequenzen. Viele Experten meinen, es seien weitaus mehr.

Ein Starenmännchen beim Abschluss eines vollständigen Starenliedes: Laut, mit hochfrequenten, quietschenden und schreienden Motiven, sitzt es auf dem Baumstamm.

Der erste Abschnitt des Starenliedes besteht aus einer Abfolge von Pfeiflauten. Das können lange und kurze, zurückhaltendere und wildere Pfiffe sein. Danach kommt die leisere Schwatzphase mit ganz eigenen Tönen, gelernten Geräuschen und Melodien. Diese Geräusche können imitiert, von anderen Staren übernommen oder selbst antrainiert sein. Dieser Abschnitt ist bei jedem Star absolut individuell. In Teil drei folgen klappernde, leise nur aus der Nähe hörbare Motive. Der Abschluss eines vollständigen Starenliedes ist der lauteste mit hochfrequenten, quietschenden und schreienden Motiven. Das ist das ganze Starenlied: Pfeifen, eigenes Repertoire, Rasseln und Klicks und am Ende das Crescendo. Eine wundervolle, wilde und einzigartige Komposition.

Bei der Balz hebt das Männchen während des Singens auch seinen Schnabel, plustert seine Halsfedern auf und breitet seine Flügel in einer visuellen Balzpose aus, um seine Anziehungskraft auf ein potenzielles Weibchen zu erhöhen.

Der hochfrequente Endabschnitt dient dem Männchen oft dazu, auf sich aufmerksam zu machen und dem Weibchen sein Können zu präsentieren, während der variable Gesangsanteil dafür genutzt wird, die Paarung herbeizuführen. Hier gibt es klare Do's und Dont's, die ein Männchen zu beachten hat, will es schnell eine oder sogar mehrere Partnerinnen überzeugen. Zum einen sollte das eigene Repertoire lang und variabel sein, mit vielen Lauten und Imitationen. Hier und da sollte jedoch auch ein Muster zu erkennen sein, ein wiederkehrendes Element. Es darf aber auch nicht langweilig oder vorhersehbar werden. Es ist ein sensibles Spiel zwischen neuen Einflüssen und Geräuschen und bekannten Motiven. Bei *Sturnus vulgaris* beeinflusst der Gesang das Weibchen mehr als Gefiederfärbung und Größe.

Aber auch das Starenweibchen singt. Es ist, als würden Stare in ihren Liedern von ihrem Leben erzählen: »Schau mal, was ich schon alles erlebt habe und woher ich komme und mit wem ich aufgewachsen bin. Ich habe mir alles gemerkt und erzähle es dir durch mein ganz eigenes Lied, welches ich dir auch immer wieder von Neuem vorsingen kann. Ich bin etwas ganz Besonderes!«

Als Philipp und ich unseren Film über den Star drehten, bekamen wir Aufnahmen von einem jungen Tierfilmer aus Dresden zugespielt. Er hatte den Frühling über einen Nistkasten gefilmt und das Brutgeschäft eines Männchens von Anfang bis zum Ausflug der Küken mit seiner GoPro gedreht. Die Aufnahmen waren in guter Qualität und der Sound überraschend klar und laut. Als das Männchen dem Weibchen zum ersten Mal die Bruthöhle präsentierte und sich gesanglich richtig ins Zeug legte, waren wir baff. Er jauchzte, schrie und pfiff, imitierte Blässhuhn und Turmfalke, um dann als Krönung den Pirol perfekt nachzuahmen. Oft ist nicht so einfach auszumachen, ob nur ein Star oder mehrere singen. Das liegt daran, dass eine wichtige Eigenschaft des Starengesangs die Zweistimmigkeit ist. Ein Star trägt häufig Legatomotive und Imitationen vor, während er wie mit einer Unterstimme kurze, ratternde oder gurgelnde Staccato-Elemente von sich gibt, sodass es häufig so klingt, als würden zwei Vögel gleichzeitig singen.

In freier Wildbahn können Stare nicht nur eine Vielzahl unterschiedlicher Klänge – sogenannte Motive – erlernen, sondern diese auch erkennen, wenn sie von anderen Staren gesungen werden. Dies ermöglicht es den Vögeln, andere Individuen anhand ihrer Gesangsmuster zu identifizieren. In einer Reihe von Experimenten belohnten Wissenschaftler in San Diego die Stare, wenn sie bestimmte Klangmuster erkannten, und verweigerten ihnen Nahrung, wenn sie dies nicht taten. Aus diesen Tests schlossen die Forscher, dass Stare über hochentwickelte sprachliche Fähigkeiten verfügen – sogar bessere als ein anderes talentiertes Labortier, die Tamarine-Primaten.

Andere Wissenschaftler, darunter der führende US-amerikanische Linguist Noam Chomsky, äußerten jedoch Skepsis. Sie argumentieren, dass die Experimente eher die kurzfristige Gedächtnisfähigkeit der Stare zeigten als ihr Verständnis tatsächlicher Sprachmuster. Dennoch waren sich alle einig, dass das Experiment gezeigt hatte, dass Stare sowohl hochintelligent als auch sehr schnelle Lerner sind.

Lyanda Lynn Haupt erzählt in ihrem Buch *Mozart's Starling* von ihrem Hausstar Carmen, der die Familienmitglieder passend »begrüßte«, wenn sie den Raum betraten. Kam ein Mensch herein, sagte der Star »Hi, Carmen«, und schlich die Katze Delilah um die Ecke, rief Carmen »Meow!«. Der Vogel antizipierte sozusagen, was die Person oder die Katze äußern würde, noch bevor sie eintrat.

Das Singen der Stare ist für mich ein faszinierendes Geheimnis der Natur. Obwohl wir wissen, dass ihre Lieder komplex und voller Bedeutung sind, bleibt vieles noch unerforscht – etwa die tiefere Struktur ihrer Melodien oder ihre Fähigkeit, Töne anderer Vögel und sogar menschliche Geräusche zu imitieren. Könnte es sein, dass diese Lieder mehr sind als nur Kommunikation? Dass sie Geschichten erzählen können, Emotionen ausdrücken oder Botschaften transportieren, die wir noch nicht verstehen? Ich bin überzeugt, dass das, was wir über die Stare lernen, nicht nur unser Verständnis für sie vertieft, sondern auch unsere Beziehung zur gesamten Natur bereichert.

Bei der Balz hebt das Männchen während des Singens seinen Schnabel, plustert seine Halsfedern auf und breitet seine Flügel in einer visuellen Balzpose aus.

DER STAR *UND DER WEIN*

Philipp

Eine Podcast-Hörerin schrieb uns über Instagram an, sie lebe am Bodensee, und eine Freundin habe ein Weingut, das ab und an Kulturveranstaltungen anbiete. Sie seien große Fans unseres Podcasts und würden uns gern einladen. Als ich nach der Anfrage recherchierte, stellte ich fest, dass das Weingut Aufricht circa 30 Minuten zu Fuß von jenem Haus am Bodensee liegt, in dem ich schon viele Jahre Urlaub machte. Was für ein Zufall! Natürlich sagten wir sofort zu, und im September 2023 fand unsere erste Lesung im Weingut Aufricht statt.

Ein Jahr später fuhren wir wieder hin. Es war ein heißer Spätsommer am Bodensee, doch zwischen den Reben im »Fräulein Seegucker«, einer kleinen Schänke im Weinberg der Aufrichts, ließ es sich aushalten. Antonia und ich waren wenige Tage vor unserer zweiten Veranstaltung hier mit Hildegard Aufricht verabredet, um letzte Dinge zu besprechen. Es war Mittag, der Laden brummte. Hildegard Aufricht ist eine beeindruckende Frau; stets aufmerksam, hat sie den ganzen Laden im Blick und ist gleichzeitig uns und ihren Gesprächspartnern zugewandt und neugierig. Sie lebt das Geschäft mit Leib und Seele.

Wir lachten viel und freuten uns auf den Freitagabend. Wir waren aber auch etwas aufgeregt, 25 Euro pro Ticket, ausverkauft, da mussten wir natürlich performen. An diesem Mittag im September in der Besenschänke des Weinguts fielen uns das erste Mal die Netze auf, mit denen der ganze Wein eingespannt war. Schön sah das eigentlich nicht aus, die Netze waren blau, und irgendwie störten sie das Postkartenidyll, den Blick über den See. Wir fragten Hildegard, warum der komplette Wein so eingenetzt war – »na gegen die Stare, die fresset uns sonscht alles weg!« Uns waren anderswo keine Netze aufgefallen, jedenfalls waren nicht alle Weinberge hier am Bodensee so verhüllt. Dass die Aufrichts zu dieser Maßnahme griffen, ließ darauf schließen, dass die Vögel ein massives Problem darstellen können. Hildegard lud uns ein, sich über das Thema mit einem ihrer angestellten Winzer zu unterhalten.

Wir trafen Elias im Schatten der hohen Bäume vor dem Weingut. Ein junger Winzer, der neben dem Inhaber und dessen Sohn Johannes die Weinproduktion leitete. Nachdem er uns erzählte, wie faszinierend er die Schwarmbildung der Stare findet und dass sie das ganze Jahr über willkommen seien, nur eben nicht zur wichtigsten Zeit, kurz vor der Lese, kamen wir schnell auf die Netze zu sprechen.

> »Das sind keine Vogelfangnetze, sondern wir haben Netze drüber, um unsere Trauben zu schützen. Deswegen sind sie auch explizit blau, weil Vögel, wie andere Tiere auch, kein Blau mögen. Ich mache das Ganze ja seit vier Jahren und habe es so verbessert, dass auf den Netzen eine Spannung ist, sodass in den Netzen wirklich kein Vogel gefangen wird. Es geht uns vor allem um Abschreckung, die Vögel sollen gar nicht erst versuchen, an die Trauben zu gelangen.«

Elias erklärt uns, warum nicht alle Parzellen so eingenetzt sind.

> »Wo fühlen sich Vögel am meisten wohl? Nicht auf den weiten Flächen, sondern da, wo sie am Rand viele Schutzbereiche finden. Wir bieten extrem viele Rückzugsorte, weil wir extrem viele Böschungen haben. Wir haben auch viele Hochstammbäume, und wir pflanzen auch jedes Jahr neue.
>
> Aber warum netzen wir unseren Wein nun ein? Es liegt auch daran, dass unsere Flächen umgeben sind von Hecken und großen Bäumen, das lieben die Vögel. Da kön-

nen sie sich verstecken – und dadurch haben sie es auf unseren Wein hier besonders abgesehen. Da hilft nur das Netz! Anderswo, ohne Hecken, mit viel freier Fläche, da gibt es andere Methoden. Da benutzen wir die Schreckschusspistole, das ist gängige Praxis, mittlerweile arbeite ich aber am liebsten mit einem Megafon zum Fenster raus, aus dem Auto, das ist noch einfacher. Die Stare schrecken dann auf und fliegen weiter. Und wo es viele große und freie Flächen Wein gibt, da haben sich weitere Methoden entwickelt – das beste Beispiel ist wohl in Hagnau der Starenturm, von dem aus alles überwacht wird.«

Starenturm – das lässt uns aufhorchen. Mir waren auf unserer Reise immer wieder kleine Fachwerkbauten in den Weinbergen aufgefallen, manche sahen aus wie kleine Hütten, viele aber tatsächlich wie kleine Türme. Dass diese Türme zur Vogelabwehr gebaut worden waren und es in Hagnau, dem Ort neben dem Weingut Aufricht, sogar einen eigenen »Starenturm« geben soll, das war uns neu. Also begannen wir zu recherchieren.

Vögel im Weinbau abzuwehren, hat tatsächlich eine lange Tradition. Manche dieser »Wingertshäuschen« oder auch »Wingertschütz« sind heutzutage aus Beton, kleine Hütten, auf deren Dach man mittels einer Leiter steigen kann; andere ähneln eher einem Hochstand, wie er auch in der Jagd eingesetzt wird. Es geht nicht darum, die Tiere zu schießen, die Türme dienten auch früher nur der Vergrämung.

Stare richten, wenn sie einfallen, im Weinbau enorme Schäden an, dennoch werden sie nicht rigoros bejagt, geschossen oder vergiftet. Die Vögel gehören einfach dazu, das Leben von und mit der Natur scheint bei vielen Winzern eine große Rolle zu spielen. Das fasziniert uns, denn an erster Stelle steht auch hier der Ertrag und somit das Kapital. Wir verabreden uns für den nächsten Tag mit Stephanie Megerle von der Winzervereinigung Hagnau, Winzertochter und – natürlich – ehemalige Bodensee-Weinprinzessin.

Auf unserem Weg in die Weinberge fielen uns immer wieder neu gepflanzte Hecken auf; auch waren Weinberge oft abgegrenzt mit einzelnen Obstbäumen, genau wie Elias es uns erzählt hatte. Auch in den Tagen zuvor, bei unseren Spaziergängen durch die Weinberge, bemerkten wir immer wieder ungemähte Flächen und Säume, in denen die Blumen blühten und die Schmetterlinge und Hummeln flogen. Manche Wegesränder zeugten davon, wie es hier einst überall ausgesehen haben muss; der Blütenreichtum war vielfältiger als bei mir in Brandenburg, und es gab völlig andere Arten zu bestaunen. Die schmalen Streifen, die von manchen Winzern absichtlich stehen gelassen wurden, waren kleine Relikte einer Pracht, die hier jahrhundertelang den Weinbau begleitet haben musste. An manchen Stellen, oft Wegkreuzungen, waren kleine Schilder aufgestellt, die erklärten, warum es wichtig ist, dass es hier blüht und etwas wilder aussieht. Auch wenn diese Blühstreifen klein waren – die Öffentlichkeitsarbeit der Winzer und der Gemeinden hier am Bodensee funktionierte gut. In einer so touristischen Region ist es wichtig, diese Dinge zu erklären. Wenn nur jeder Zehnte etwas davon mit nach Hause nimmt, ist schon etwas erreicht.

Neben der Tatsache, dass Weinberge vor allem zum Anbau von Wein angelegt werden, erfüllen sie nämlich noch eine lange Zeit unterschätzte Funktion: Weinberge sind seit jeher wichtige Lebensräume für unterschiedliche Pflanzen und Tiere. Anders als andere Feldfrüchte in der Landwirtschaft, die von Jahr zu Jahr wechseln können, sei es nun Weizen, Raps oder Mais, bestehen die Strukturen eines Weinbergs oft seit Jahrhunderten. Diese Ruhe und Beständigkeit in der Landschaft ist auch für die dort sich entwickelnde Artenvielfalt von Vorteil. Weinberge können perfekte Beispiele für das Zusammenspiel von Natur und Kultur, von Natur und Landwirtschaft sein, denn ähnlich wie Streuobstwiesen sind sie Teil einer vom Menschen geschaffenen Kulturlandschaft. Durch die Nutzung des Menschen erst attraktiv für viele Arten gemacht, haben wir aber auch eine Verantwortung, dass das so bleibt. Weinberge sind keine Wildnis und dennoch echte Hotspots der Artenvielfalt.

Ein Hauptgrund dafür ist die Lage: Weinberge wurden schon im alten Rom an Hängen angelegt, an denen die besondere Lage ein eigenes Mikroklima hervorruft. Besonders bei uns in Mitteleuropa, wo die Sonnenstunden knapper sind als in Frankreich oder Spanien, ist die günstige Lage von Weinbergen ausschlaggebend für die erfolgreiche Ernte. Dieses Mikroklima zu einer bestimmten Jahreszeit ist nicht nur für das Reifen der Trauben gut – was in der Weinkultur zweifelsfrei im Mittelpunkt steht –, sondern auch für viele andere Arten. Insekten, die zu einem bestimmten Zeitpunkt aus der aufgewärmten Erde schlüpfen; Wildblumen, die den ganzen Sommer über ausreichend Pollen und Nektar liefern. Eine abwechslungsreiche Begleitvegetation an den Rändern der Weinreben, Wildkräuter und -blumen zwischen den Reihen, offene Stellen auf Lössböden, die Wildbienen ein Zuhause geben. In einigen Steillagen werden zudem traditionell Mauern aus Feldsteinen zum Abstützen des Hangs gebaut und gepflegt; seltene Reptilien wie Zauneidechsen finden hier Unterschlupf. Die übrigens auch auf dem Speiseplan des Wiedehopfs stehen können, es ist eben ein Kreislauf – viel los auf engem Raum in so einem Weinberg! Die regelmäßige Mahd am Berg, um an die Trauben zu gelangen, fördert konkurrenzschwache Wildblumen. Wärmeliebende Vogelarten wie Zaunammer, Wiedehopf und Bienenfresser brüten traditionell am Weinberg, auch für sie ist das reiche Insektenvorkommen elementar, für den Bienenfresser zudem noch steile Hänge und Abbruchkanten im Löss, in denen er bevorzugt seine Brutröhren baut.

Apropos Bienen: Eine Studie des Senckenberg Deutschen Entomologischen Instituts (SDEI) und des Julius Kühn-Instituts (JKI) aus dem Jahr 2022 stellte fest, dass im Lebensraum Weinberg bis zu 170 Wildbienen-Arten und Dutzende Schmetterlingsarten leben, von denen viele vom Aussterben bedroht sind. Ohne die Kultur am Weinberg würden etliche Arten verschwinden.

Dieses Miteinander, das Ineinandergreifen verschiedener ökologischer Funktionen, ist heutzutage auf eine schwere Probe gestellt, denn im europäischen Durchschnitt wird keine andere Kulturpflanze so häufig gespritzt wie Wein; der Markt ist hart umkämpft. Bloß ist das Image von sonnenbeschienenen Hängen und dem vielversprechenden kleinen Schwips ein viel besseres als das von Mais, Raps und Co. Da drückt man gern mal ein Auge zu, auch beim Gift. Doch unsere Gänge und Fahrten durch die Weinberge, unsere Gespräche mit Winzern am Bodensee zeigen: Es passiert etwas in den Köpfen der Anbauer. Es scheint einen Willen zu geben, einen Ausgleich zu schaffen, Rückzugsräume zu ermöglichen. Natürlich hängt das, wie immer, vom jeweiligen Betrieb ab. Aber anders als bei den großen Agrarkonzernen profitiert der Weinanbau enorm vom Tourismus; die Menschen wollen in eine intakte Landschaft und Natur reisen, den Wein vor Ort probieren, kaufen. Spazieren gehen! Wenn man Wein kauft, kauft man eben auch ein Gefühl: und das Gefühl, ein Naturprodukt zu bekommen, das nicht nur schmeckt, sondern das auch Bienen, Schmetterlingen und Vögeln einen Lebensraum bietet, lässt sich gut vermarkten.

Wie passt es also zusammen, dass man Stare angeblich mit Schreckschüssen und Lautsprechern vertreibt und so martialisch gegen sie vorgeht? Oder ist es gar nicht so schlimm, wie es sich anhört? Schon von Weitem sahen wir den Hagnauer Starenturm auf dem Hügel thronen. Ein Schild am Fuße des modernen Turmes erklärte den Besuchern:

> »Im Herbst verdunkeln oft Tausende von Staren den Himmel über den Hagnauer Weinbergen. Die süßen Trauben sind für die Vögel eine willkommene Stärkung, ehe sie über die Alpen gen Süden ziehen. Ihre wolkenartigen Flugmanöver sind ein faszinierendes Naturschauspiel. Ein Starenschwarm kann aber in wenigen Minuten die gesamte Ernte einer Familie vertilgen. Deshalb haben die Winzer

seit Jahrzehnten an besonderen Aussichtspunkten Starentürme errichtet. Sie sind für Spaziergänger geschlossen. Traubenhüter halten oben Wacht. Sind Starenschwärme im Anflug, spielen sie elektronisch verstärkte Geräusche ab, zumeist warnende Vogelrufe. Sie werden über Lautsprecher nach draußen übertragen. Ein lautes Gekrächze erklingt dann in den Weingärten und lässt die Vögel aufschrecken. An besonderen Tagen spielten die Hüter früher zur Weinlese auch Musik. Das freute die Winzer, die vielen Helfer und die Spaziergänger. Hören Sie mal genau hin – und lassen Sie sich nicht erschrecken!«

Stephanie Megerle begrüßte uns strahlend am Eingang des Starenturms und lud uns direkt ein, mit ihr den Turm zu besteigen, während sie uns mehr zur Geschichte der Vergrämung der Vögel erzählte. Eigentlich hatte sie vor, einen Traubenhüter mitzubringen, doch der musste im letztem Moment absagen. Die Traubenhüter, so erfuhren wir von Stephanie, sind fast alle ehrenamtlich unterwegs. Die meisten sind Menschen, die schon immer bei der Weinlese geholfen haben, manche sind im Naturschutz tätig oder im Heimatverein. Die meisten sind Senioren. Wir nahmen gern mit Stephanie vorlieb, die uns die steilen Stufen hinaufbat. Ihr Vater sei selbst Winzer, erzählte sie; die Familie betreibe in Hagnau eine Pension, ihr sei der Wein, die Vermarktung, die ganze Kultur und der Tourismus also gewissermaßen in die Wiege gelegt worden. Oben angekommen, stockte uns erst einmal der Atem – was für ein Ausblick über die Weinberge, den See, die Alpen!

»Noch ist es ruhig«, sage Stephanie, während sie durch ein Fernglas den Blick über die umliegenden Weinberge streifen ließ. »Wir haben letztes Jahr sehr zeitig angefangen, weil der Herbst sehr früh losging.« Sie zeigte auf ein kleines Notizbuch, das oben im Ausguck neben der großen Stereoanlage für die Starenschreckgeräusche lag. Handschriftlich hatten dort die Traubenwächter über die Jahre ihre Stunden aufgeschrieben. »In einem Jahr ging es sogar schon um den 5. September herum los; und dann haben wir es einen Monat lang gemacht, schaut mal, bis Mitte Oktober!« 2021, so verrieten uns die Notizen im Büchlein, ging die ganze Starensaison nur zwei Wochen. »Das ist eben Natur, wir können es nicht vorhersagen. Es ist tatsächlich so, wie die Stare fliegen und wie kühl es auch im Norden wird. Wenn es früh sehr kalt wird, umso schneller kommen die Stare hierher. Wenn da oben noch länger schönes Wetter ist, finden die Vögel im Norden noch ausreichend Nahrung und kommen später zu uns.« Stephanie schaute noch einmal durchs Fernglas Richtung Norden. »Dementsprechend können wir dann auch später starten mit dem Ganzen. Wenn es dann richtig losgeht, haben wir meistens zwei Winzer oder Freiwillige eingeteilt, die Dienst machen. Auf dem Turm hier, aber sie fahren auch in den Bergen herum und checken die Lage.«

Das Schöne an unseren Gesprächen mit Winzern war, dass wir wirklich den Eindruck hatten, dass in den Weinbergen am Bodensee mit der Natur gearbeitet wird. Die Vögel und ihr Bedürfnis, zu fressen, werden respektiert. Uns ist durchaus bewusst, dass im Weinbau sehr viel Pflanzenschutz eingesetzt wird. Betrachtet man aber die Maßnahmen, die hier vorgenommen werden, seien es Blühstreifen, das Pflanzen von Hecken oder Obstbäumen, bleibt das Gefühl, dass viele Winzer hier eine besondere Verbindung zur Natur und zur Vogelwelt haben. Stephanie sagt:

> »Für mich ist es ein Privileg, für den Weinanbau zu arbeiten. Die Weinlese ist ein Moment des Zusammenhalts zwischen den Menschen in der Region. Ein Stück Heimat, Identität. Wir essen unsere Äpfel, trinken unseren Wein, eine ganz direkte Verbindung zwischen Natur und Kultur, weil viele der Produkte unverarbeitet sind.«

Wahrscheinlich liegt darin auch der Zauber. So wie der Weinbau funktioniert, müsste auch andere Landwirtschaft funktionieren, da sind wir uns sicher. Glücklich, aber auch nachdenklich, steigen wir die Stufen des Starenturms wieder hinab und fahren in unsere Ferienwohnung in Meersburg, eine Flasche Bodenseewein im Gepäck. »Turteltaube« steht auf dem gelben Etikett, darunter der Schriftzug »Weingut Aufricht«.

Wenn Winzer Johannes Aufricht nicht regelmäßig zum Megafon greifen würde, blieben nicht allzu viele Trauben übrig. In Hagnau am Bodensee steht sogar ein sogenannter Starenturm, von dem aus die Vögel vergrämt werden, wenn sie sich nähern.

DER STAR*ENKASTEN*

Philipp

Ich liebe Nistkästen. Es gibt für mich kaum eine bessere Art und Weise, aktiv Naturschutz zu betreiben, als mit diesen Kästchen mit einem Loch drin. Mir ist bewusst, dass wir die große, weltweite Biodiversitätskrise nicht mit einer Bauanleitung für einen Starenkasten lösen werden; für viele Vogelarten ergibt diese Art der Unterstützung auch überhaupt keinen Sinn. Ich weiß, dass das Gros an Arten, deren Bestände sich gerade im freien Fall befinden, Arten des Offenlandes sind – Feld- und Wiesenvögel, die sich in der Evolution an andere Lebensräume und andere Nistplätze gewöhnt haben. Und dennoch bin ich fest davon überzeugt: Es gibt kaum einen besseren Weg, um sich unserer Vogelwelt, ihren Bedürfnissen, Problemen und Herausforderungen emotional zu nähern, als beim Bauen und Aufhängen, Beobachten und Pflegen von Nistkästen.

Ich bin Optimist. Ich weiß, dass wir die Krisen dieser Erde – allen voran den massiven Verlust der Artenvielfalt – nicht in unseren Vorgärten und auf unseren Balkonen lösen werden. Vieles scheint für den Einzelnen unlösbar. Aber es schadet auch nicht, wenn man mit einem scheinbar kleinen Schritt beginnt. Übrigens nicht nur für die Vögel im Konkreten, sondern auch für einen selbst, für die eigene mentale Gesundheit: Nistkästen können Türöffner sein zu einer Welt vor unserer Haustür, die voller Zauber und Wunder ist. Sie können dazu beitragen, zu den Vögeln, die uns umgeben, eine Beziehung aufzubauen. Mitzufiebern, sie als Teil unseres Lebens zu sehen und zu akzeptieren. Ein Effekt, der übrigens mit Kindern zusammen ganz wunderbar funktioniert. Das gemeinsame Schaffen, Aufhängen, Verändern – und hinterher Beobachten: Da ist ja echt einer eingezogen und ohne unsere Arbeit hätte der jetzt kein Zuhause? Also liebe Lehrerinnen und Lehrer, die hier mitlesen – baut Nistkästen an euren Schulen!

Sehr gut erinnere ich mich an einen Satz blauer Nistkästen, die mein Opa Rudi für uns baute. Blau, weil die Fensterrahmen des Hauses, in dem ich aufgewachsen bin und in dem meine Eltern noch heute leben, blau sind. Enzianblau, um genauer zu sein. Meine Eltern lieben dieses Blau, und manchmal muss ich lachen, wenn ich zu Besuch bin und sehe, in wie vielen Ecken des Gartens es heute noch in jenem Blau funkelt. Bänke, Terrassentische, alles blau. Das Blau meiner Kindheit. Ich erinnere mich, wie diese Nistkästen etwas anders waren als die, die ich bis dahin kannte. Mein Opa hatte die Häuser mit Giebeldächern und kleinen Schornsteinen gebaut. An einem war eine Art Anbau, an einem anderen eine kleine Garage. Wieder ein anderes hatte eine kleine Plattform, auf die man Nüsse oder Sonnenblumenkerne streuen konnte. Ich habe diese Kästen geliebt, weil ich die Vorstellung hatte, dass die Meisen es sich darin so richtig gemütlich machen können. Bereits auf den ersten Blick sah man: Da hatte jemand viel Liebe in die Nistkästen gesteckt. Vogelliebe!

Heute weiß ich, dass es bei Nistkästen auf andere Dinge ankommt und zu viele Spielereien es Räubern wie Waschbär oder Elster oft leicht machen. Daher achte ich darauf, dass die Nistkästen funktional sind und ein verlängertes Einflugloch haben, indem man eine Latte davor anbringt, sodass der Weg vom Loch zum Nest lang ist und schwerer erreichbar für Angreifer.

In der Vorbereitung auf unsere Arte-Doku über den Star recherchierte ich intensiv zum Thema Starenkästen im Internet, und mir fiel dabei auf, dass, anders als bei Meisenkästen, Starenkästen häufig an langen Stangen in Gärten angebracht werden. Früher gehörten diese Kästen zum typischen Landschaftsbild in Gemüse- und auch Schrebergärten. Heute findet man die Kästen an den Stangen seltener. Ich freue mich immer, wenn ich sie sehe, denn irgendwie scheinen sie eine Art kulturelles Erbe zu sein; sie deuten darauf hin, wie Mensch und Vogel über lange Zeit miteinander und voneinander gelebt haben. In Gärten standen früher wenig große, hohe Bäume – denn es gab kein Interesse daran, große Flächen des Gemüsebeets zu beschatten. Daher wahrscheinlich die Stangen. Aber warum wollte man den Kirschendieb überhaupt im Garten haben? Das Anbringen der Kästen an drei, vier Meter hohen Stangen spricht gegen die Annahme, dass die Kästen angebracht wurden, um Eier und Jungvögel zu entnehmen. Die Vögel müssen den Menschen in irgendeiner Form mehr Nutzen als Schaden gebracht haben. Und zwar so viel mehr, dass manche sogar das Risiko eingingen, dass die Vögel Kirschen klauen.

In einer Broschüre des NABU zum Vogel des Jahres 2018, den Star, las ich dann folgenden Abschnitt:

> »Die Wesensart des Stars war für den Menschen schon immer zweischneidiger Natur. Da gab es den verehrten Heuschreckenvertilger, aber auch den nimmersatten Obstgartenräuber. In Smyrna – dem heutigen Izmir in der Türkei – erzählten sich die Leute, der Star tötet erst 99 Heuschrecken, um dann eine zu verzehren. Höchst willkommen hieß er deshalb bis zum Mai ›Heiliger‹. Doch schon im Juli wendete sich das Blatt. Der zuvor Gepriesene suchte nun gierig Maulbeerbaumpflanzungen und Weinberge heim. Prompt wurde er ›Teufelsvogel‹ gerufen.«

Die Antwort auf die Frage, warum Starenkästen über Jahrhunderte ein fester Bestandteil unserer Gärten waren, liegt also eigentlich auf der Hand: Stare sind gute Insektenjäger. So wie die meisten Vögel benötigen auch Stare zur Jungenaufzucht im Frühjahr Unmengen an Insekten. Sie sind diesbezüglich auch weniger wählerisch als andere Singvögel; sie fressen auch größere

Eiweißquellen wie Heuschrecken, Käfer, Käferlarven und sogar kleinere Schnecken. Spätestens da sollte ein jeder Gärtner aufhorchen – Schnecken?

Außerdem kommt hinzu, dass Stare gern in lockeren Verbunden brüten – keine richtigen Kolonien, aber sie mögen mehrere besetzte Baumhöhlen oder Nistkästen in direktem Blickkontakt. Stare sind in der Brutzeit nicht besonders territorial, sie sind das ganze Jahr über soziale Vögel. Das bedeutet, dass es im Garten, auf dem Feld oder wo auch immer man die Starenkästen aufhängt, mehrere Starenfamilien gleichzeitig gibt, die massenhaft Insekten vertilgen. Und das auch noch zweimal im Jahr, bei gutem Angebot brüten Stare öfter. Der Mensch hat früh erkannt, wie gut der Star also dem Gemüse tut – und lockte ihn durch die Starenkästen in die Gärten. In einer Zeit, in der es keine chemischen Pflanzenschutzmittel, Insektizide oder Schneckenkorn gab, war der Ertrag im Gemüsebeet sogar von den sogenannten Gegenspielern der Schädlinge abhängig – und der flexible Star sorgte dafür, dass das Gemüse in Ruhe wachsen konnte.

Im berühmten *Handbuch der Vögel Mitteleuropas* des Schweizer Zoologen Urs Noel Glutz von Blotzheim steht zum Beispiel, dass ein Brutpaar Stare täglich beeindruckende 400 Gramm Frischgewicht an Nahrung herbeischafft beziehungsweise herbeischaffen kann. Im »Glutz« werden auch Analysen der Nahrung für die Jungvögel beschrieben. So bestehe die Hauptnahrung in den ersten Tagen aus kleinen Spinnen, Raupen und anderen Larven, später gibt es größere Raupen und vor allem *Tipula*-Larven. *Tipula* heißt die Wiesenschnake, die bei Massenauftreten Schäden auf Grünland, Rasen, aber auch Getreide anrichten kann – für den Star sind Wiesenschnaken zur Brutzeit eine der wichtigsten Futterquellen. Früchte, Beeren und andere vegetarische Kost kommen in größeren Mengen erst gegen Ende der Fütterungszeit hinzu; für die Ausgeflogenen sind diese dann von größerer Bedeutung.

Außerdem berichtet der »Glutz« über eine wissenschaftliche Erhebung auf einer Probefläche in einem Auwald bei Ingolstadt, auf der im Erfassungszeitraum in den 1960er-Jahren eine bis anderthalb Tonnen Maikäfer von Staren gefressen wurden. Der heute selten gewordene Maikäfer galt jahrhundertelang als gefürchteter Schädling, da seine Engerlinge Pflanzenwurzeln fressen. Maikäfer kamen früher in Massen vor; Volkslieder und Geschichten wie Wilhelm Buschs *Max und Moritz* zeugen von der Häufigkeit der Art. Stare konnten als natürliche Gegenspieler dem Maikäfer etwas entgegensetzen; für Meisen und andere Singvögel sind die Käfer schlicht zu groß. Kurzum: Der Star ist flexibel bezüglich des Nahrungsangebots, zum schnellen Wachsen der Jungvögel in der Nestlingszeit sind Massen an Insekten aber unabdingbar. Kluge Gärtner und Bauern taten also gut daran, Stare bei sich anzusiedeln. So kam es, dass der Starenkasten in vielen Regionen zum Landschaftsbild dazugehörte.

Bereits 1785 beschreibt der Naturforscher Nathanael Gottfried Leske in seiner *Reise durch Sachsen* das Aufhängen von Nistkästen für den Star als Schutz gegen Insekten. Auch in der *Naturgeschichte der Hof- und Stubenvögel*, veröffentlicht 1822 vom Naturforscher und Forstwissenschaftler Johann Matthäus Bechstein, wird von Nistkästen aus Holz und der Nützlichkeit der Stare als natürliche Schädlingsbekämpfer erzählt. Danach setzte sich in verschiedenen Büchern und Anleitungen der Starenkasten an der langen Stange durch. Der Thüringer Pfarrer Johann Baptist Hofinger (1768–1858) war im Jahr 1824 der Erste, der die Idee des Starenkastens aufgriff und Nistkästen auch für andere Höhlenbrüter aufhing – auch um die Freude am Beobachten des Brutgeschehens zu fördern.

Gerhard Föhr berichtet in seinem 2005 erschienenen Buch *Nistkästen und Vogelschutz* von vielen historischen Quellen, die nahelegen, dass Vögel schon früh ganz gezielt angelockt und geschützt wurden, weil man sie als Helfer sah. Auf dieser Tatsache beruhen große Teile des modernen Vogel- und Naturschutzes. Eindrückliches Beispiel ist eine Verordnung zum Schutz von Kleinvögeln 1796 durch die Herrschaft Schmalkalden, die darauf abzielte, den verheerenden Nonnenfraß in den Wäldern einzudämmen. Nonnen sind Nachtfalter, die als Schädlinge im Forst gelten, da sie beziehungsweise ihre Larven in manchen Jahren in Massen auftreten und Wälder gefährden. Heute wird, wen wundert's, auch gegen die Falter Gift gespritzt.

Apropos Gerhard Föhr: Das Buch zur Geschichte der Nistkästen möchte ich von Herzen empfehlen; noch mehr allerdings einen Besuch in seinem Nistkastenmuseum, das wohl das einzige Nistkastenmuseum der Welt sein wird, in Ringschnait bei Biberach an der Riß in Oberschwaben. Gerhard Föhr ist der absolute Nistkasten-Experte und von Herzen Vogelschützer.

In der Brandenburger Kleinstadt, in deren Nähe ich wohne, gibt es einen Schrebergarten, in dem bestimmt zehn Starenkästen hängen. Ich freue mich immer, wenn ich dort mit dem Hund entlanggehe, und bleibe kurz stehen. Sollte ich dort mal jemanden sehen, werde ich die Person ansprechen und meine Freude teilen. Und so lange hole ich mir die Freude selbst ins Haus: Soeben erreichte mich die WhatsApp-Nachricht, dass meine 20 bestellten Starenkästen fertig seien. Ich kenne einen Rentner im Nachbarort, einen Schreiner im Ruhestand, bei dem ich meine Nistkästen bestelle: Er hat für mich Starenkästen gebaut, wie schon im letzten Jahr, und ich freue mich darauf, den Vögeln bei ihrer Wohnungssuche etwas unter die Flügel greifen zu können. Wenn sie es doch schon so unendlich schwer haben, genügend Insekten für ihre Jungen zu finden. Wenigstens für das Dach über dem Kopf kann ich sorgen. Das können wir alle. An Kindergärten, Grundschulen und Altersheimen sollten Nistkästen hängen, genauso wie überall an öffentlichen Gebäuden. Nistkästen sind ganz konkreter Vogelschutz – die Vögel brauchen uns. Und was kann es dann Schöneres geben, wenn sich ein Starenmännchen mit weit ausgebreiteten Flügeln auf dem Dach eines Nistkastens niederlässt und singt, ruft, balzt und zu sagen scheint: »Komm her, komm, hier ist es gut, hier wohnen gute Leute. Hier bleiben wir!«

Während Amseln freie Nester bauen und Rotkehlchen auch Halbhöhlen beziehen, sind Stare Höhlenbrüter – und nehmen gern Nistkästen an. Der Bau von Nistkästen ist eine der einfachsten und effektivsten Maßnahmen im Artenschutz. Neben Staren freuen sich auch Spatzen oder Meisen über die Unterstützung!

STARE *ESSEN*

Als ich das erste Mal nach Sardinien reiste, war meine Tochter noch nicht geboren. Es war 2010, und ich hatte gerade einen Kinotrailer über die Überfischung des Ozeans fertiggestellt. Völlig gestresst kam ich am Flughafen in Cagliari an, wo mich mein Vater und mein damaliger Freund abholten. Sie waren top gelaunt, die Sonne schien, und wir machten uns auf den Weg zu unserem Häuschen am Meer, eine Stunde nördlich der Stadt an der Küste von Costa Rei gelegen. Wir fuhren an den Salinen vorbei, wo Flamingos auf einem Bein im Licht des Sonnenuntergangs standen, das Meer war glasklar, und ich war begeistert.

Jedes Jahr fahren wir seitdem an die Costa Rei, immer ins gleiche Haus und an den gleichen kleinen Küstenabschnitt. Die Reisegruppe hat sich verändert, aber der Kern ist bis heute geblieben: meine Schwester mit ihrer Tochter, meine Tochter und ich und unser Vater im Herzen. Es sind ruhige Tage, die wir auf der italienischen Insel verbringen. Wir lesen, liegen rum, gehen spazieren, spielen Karten und kochen. Wir sehen wenige Menschen, und die Kieselstrände sind leer. Das Wasser ist ein Traum, und der Geruch der Macchia erinnert an die vielen Jahre, die wir schon an diesen Ort fahren. Die Landschaft besteht aus immergrünen Sträuchern, Büschen und kleinen Bäumen, die dicht und oft undurchdringlich wachsen. Die Pflanzen haben sich an das trockene Klima angepasst, mit ledrigen Blättern und aromatischen Ölen, die sie vor Verdunstung schützen.

Hier verstecken sich Vögel, viele Vögel. Je nach Jahreszeit sind es Schwalben, Amseln, Spatzen, Rotkehlchen, Mönchsgrasmücken, Sardische Grasmücken, Türkentauben und viele mehr. Auf der Insel gibt es auch Einfarbstare, die Schwesterart unserer Stare. Ich habe sie vor allem in ländlichen Gebieten und Küstenregionen gesehen. Sie bevorzugen Olivenhaine, Macchia-Landschaften und Küstenklippen als Lebensräume. Aber auch in Cagliari sind sie mir schon aufgefallen.

Ich habe das Gefühl, dass es über die 15 Jahre hinweg, die ich die Costa Rei besuche, weniger Vögel geworden sind am Haus, aber das kann auch an den unterschiedlichen Jahreszeiten liegen, denn seit einiger Zeit fahren wir im Herbst anstatt wie früher im Mai und Juni. Der Herbst in Süd-Sardinien ist vielleicht nicht so farbenfroh wie der Frühling, dafür sehe ich jetzt ziehende Stare, die ab Ende Oktober auf der Insel ankommen. Die milden Winter und das reiche Nahrungsangebot machen den Süden Sardiniens für Zieher und überwinternde Populationen attraktiv. Sie versammeln sich in großen Schwärmen, die in den landwirtschaftlich genutzten Ebenen, an den Küsten und in Feuchtgebieten Rast machen.

Dann sitzen sie zu Hunderten auf den Stromleitungen und schwatzen lauthals, oder man sieht sie in Grüppchen über den Bergen ihre Wolken bilden. Ich stelle mir dann immer vor, dass vielleicht genau diese Stare gerade aus Deutschland angeflogen sind – das ist durchaus möglich. In Deutschland beringte Stare wurden in ganz Europa gefunden mit einer deutlichen Häufung in West-Europa zwischen England und Spanien, aber auch in Italien und Nordwest-Afrika. Sardinien spielt eine wichtige Rolle aufgrund seiner Lage im westlichen Mittelmeerraum. Tatsächlich bietet die Insel ideale Bedingungen, insbesondere in ihren Feuchtgebieten, wo viele Vögel während ihrer Wanderung Nahrung finden und Energie tanken.

Da ich schon so lange nach Sardinien reise und die Insel lieb gewonnen habe, war es für mich ein Schock, als ich erfuhr, dass im Süden Sardiniens Stare gegessen werden. Das erzählte uns Axel Hirschfeld vom »Komitee gegen den Vogelmord« ganz beiläufig und unaufgeregt bei einem Telefonat. Und Stare sind leider nicht die einzige Vogelart, die in Italien im Kochtopf landet. Es klingt wie aus dem Mittelalter, aber es ist Realität: Rotkehlchen, Singdrosseln und andere Singvögel werden illegal gefangen und entweder als Lockvögel eingesperrt oder getötet, gerupft und gegessen. Die Singvogel-Wilderei mit Leimruten und Netzen hat im Mittelmeerraum eine lange Tradition; zwar ist sie längst durch die EU verboten, doch Traditionalisten und alteingesessene Köche scheren sich nicht um moderne Gesetze. Das ist geschichtlich gesehen kein Wunder.

Stare leben schon lange eng mit den Menschen zusammen. Sie wurden geliebt und auch gehasst. Und als das Essen knapp war, wurden sie auch gejagt. Im Mittelalter wurden Stare zusammen mit Drosseln und Amseln gefangen, gekocht und gegessen. Um den Fang von Staren entwickelte sich in manchen Regionen sogar eine richtige Kultur, die eng verknüpft war mit der bäuerlichen Lebensweise auf dem Land. So wurden in den Niederlanden bereits seit dem 16. Jahrhundert sogenannte »Spraeuwe potten« (»Starentöpfe«) angefertigt. Diese praktische Methode, sich wild lebende Vögel für den eigenen Speiseplan gewissermaßen im Garten heranzuziehen, hielt bald auch in Deutschland Einzug: Töpfe mit Einflugloch oder Flaschen aus gebranntem Ton wurden an Bäumen und Gebäuden angebracht und dienten dem Star als Nisthilfe. Durch eine Klappe oder Öffnung konnten die Jungstare entnommen werden, meist kurz vor dem Ausfliegen, sobald sie groß genug waren und ausreichend Fleisch angesetzt hatten. So landeten die Vögel als begehrte Fleischeinlage wortwörtlich in der Suppe.

Die Starentöpfe waren so erfolgreich, dass sie zeitweise in den Niederlanden als Massenware hergestellt wurden und sich überall in Europa gut verkauften oder Nachahmer fanden. Im Magazin *Der ornithologische Beobachter* befasst sich der Berliner Zoologe Erwin Stresemann (1889–1972) in einem Artikel von 1948 mit der Geschichte des Starenkastens. Stresemann stellt fest, dass sich solche Starentöpfe aus Ton in zahlreichen Gemälden niederländischer Künstler feststellen ließen, unter anderem auch bei Pieter Bruegel dem Älteren. Der auch als »Bauernbruegel« bekannte Renaissance-Maler ist berühmt für seine Darstellungen bäuerlichen Lebens. In vielen seiner Bilder seien laut Stresemann Darstellungen diese Nisthilfen an Bauernhäusern zu finden.

Und auch auf dem englischen Land wurden zumindest bis zum Zweiten Weltkrieg regelmäßig Stare und andere kleine Vögel als Nahrung gejagt. Sie wurden in kalten und dunklen Winternächten »geschlagen«. Dabei trug einer ein Netz an kurzen Stangen, ein anderer eine Gaslampe. Ein dritter ging auf der anderen Seite der Hecke entlang und schlug mit einem Stock auf die Büsche ein. Wenn die Vögel aufflogen, wurden sie für einen Moment von der Lampe geblendet und im Netz gefangen. Diese Vögel – zu denen mit ziemlicher Sicherheit Stare sowie Mitglieder der Drosselfamilie wie Amseln, Rotdrosseln und Wacholderdrosseln gehörten – wurden dann mit nach Hause genommen, gerupft, gekocht und gegessen. Sie waren eine wichtige Proteinquelle im Krieg.

Bezogen auf Stare spielt sich auf Korsika Jahr für Jahr ein unglaublicher Vogelmord ab: Traditionell werden dort Stare gefangen und zu einer herzhaften Pastete verarbeitet. Teilweise gelangen diese »Delikatessen« bis nach Deutschland, sagt Axel Hirschfeld. Und es stellt sich heraus, dass Sardinien, wie ich durch den Polizeibeamten und CITES-Mitarbeiter Michele Ravaglioli erfahren habe, nicht besser ist.

Die Insel ist eine von sieben Gefahrenzonen für Vögel in Italien, in denen die Wilderei noch heute stark vertreten ist. Das ergibt der sogenannte »Nationale Plan zur Bekämpfung von Verbrechen gegen Wildvögel», den die Regierung am 30. März 2017 ausgerufen hatte.

Seitdem gibt es in den ausgewiesenen Wilderei-Hotspots lokale Antiwilderei-Gruppen, die zusammen mit CITES (Übereinkommen über den internationalen Handel mit gefährdeten Arten frei lebender Tiere und Pflanzen) die Wilderei eindämmen sollen.

Michele Ravaglioli leitet die Gruppe in Südsardinien mit Sitz in Cagliari. Er ist eine zentrale Figur im Kampf gegen die Vogeljagd auf Sardinien, insbesondere in Bezug auf Zugvögel wie Stare. Seine Arbeit umfasst nicht nur die direkte Strafverfolgung, sondern auch Aufklärungsarbeit in der Bevölkerung. Ravaglioli und sein Team arbeiten eng mit Axel und seinen italienischen Kolleginnen des »Komitees gegen den Vogelmord« zusammen.

Die Jagd auf die Stare hat ihren Höhepunkt ab Dezember bis in den Januar hinein. Die Stare bilden zu diesem Zeitpunkt riesige Schlafplätze im Schilf des Regionalparks Molentargius zwischen Cagliari und der Stadt Qartu Sant'Elena. Es sind Tausende Tiere. Traditionell haben es die Wilderer auf Singdrosseln und Amseln abgesehen, aber da die Jagd auf diese schwieriger ist, haben sie sich in den letzten Jahrzehnten mit Staren begnügt. Die Vögel werden für die Zubereitung einer traditionellen sardischen Mahlzeit namens »Grive« genutzt und vor allem in der Weihnachtszeit konsumiert. Der »Grive«, was übersetzt so viel wie Drossel bedeutet, besteht aus einem Myrtenzweig, auf den acht Vögel aufgespießt werden. Durch den Schutzstatus sind die Kosten für eine »Griva« in die Höhe geschnellt und betragen derzeit 70 bis 100 Euro, unter dem Ladentisch, versteht sich.

Die »Ernte« der Vögel läuft wie folgt ab, berichtet Michele Ravaglioli. In der Nacht fahren die Wilderer zu den Schilfgebieten, in denen die Tiere schlafen. Sie sind mit Stiefeln und Taucheranzügen ausgestattet und waten durchs Wasser, bis sie mittig im Schilf stehen. Dort feuern sie Schüsse ab oder zünden Feuerwerkskörper, sodass die Tiere aufschrecken und fliehen. In diesem Moment werden sie mit einem großen runden Netz, dem sogenannten »Cuoppo«, eingefangen. Für das »Cuoppo« braucht es mindestens zwei Personen, weil es so groß und schwer ist. Dieses große Netz ermöglicht es den Wilderern, Hunderte von Staren in einem einzigen Schreckmoment zu fangen. Nach dem Fang werden die Vögel in einen Beutel gesteckt und ertränkt. Im Dezember werden jede Nacht durchschnittlich

Die typische Landschaft Südsardiniens mit rastenden Staren auf einer Stromleitung.
Unten: Starenpastete.

zwischen 100 und 400 Vögel gefangen, gerupft und verkauft. Der Verkauf erfolgt an Privatpersonen, lokale Märkte, Restaurants und Metzger. Die Stare werden für ein bis drei Euro pro Stück verkauft, sodass die Jäger mehrere Hundert Euro am Tag verdienen.

Michele und sein Team haben schon viele Netze und Fallen zerstört, aber es bleibt eine Herausforderung, gegen tief verwurzelte kulturelle Traditionen anzukämpfen, sagt er. Auch unsere Freundinnen und Freunde vom »Komitee gegen den Vogelmord« können ein Lied davon singen. Axel Hirschfeld und seine Kolleginnen und Kollegen setzen sich seit Jahrzehnten gegen die Wilderei in Südeuropa ein. Mit Freiwilligen sind sie im Herbst und Frühling in Italien, auf Malta und im Libanon und begeben sich oft dahin, wo Vogelschutz wehtut. Wären solche Menschen nicht vor Ort, würden Jahr für Jahr Tausende Vögel mehr in den Kochtöpfen landen. Man kann dem Komitee und allen Mitkämpferinnen und -kämpfern nicht oft genug für ihre unglaublich wichtige Arbeit danken.

DER STAR UND *DIE INSEKTEN*

Antonia

Stare sind auf Insekten angewiesen. Ohne Insekten können sie ihre Jungen nicht mit proteinreicher Nahrung wie Larven, Käfer und anderen Kleintieren füttern und ihr Bruterfolg bleibt aus. Es ist ganz einfach: Ohne Insekten – keine Stare.

Eigentlich kommt kein Ökosystem an Land ohne die winzigen Helfer aus. Zusammen bringen es die Gliederfüßer der Erde – dazu zählen alle Insekten, Spinnen, Skorpione sowie Hundert- und Tausendfüßer – auf ein Gesamtgewicht von 200 Millionen Tonnen. Das ist mehr als das Zwanzigfache des Gewichts aller wilden Säugetiere und Vögel zusammen. Aber warum erzähle ich das alles?

Wir erleben gerade den Beginn eines neuen Massensterbens. Bis zu eine Million Tier- und Pflanzenarten drohen in den kommenden Jahrzehnten durch menschliche Aktivitäten auszusterben, bestätigt die Intergovernmental Science-Policy Platform on Biodiversity and Ecosystem Services (IPBES). Damit ist die Geschwindigkeit des Artensterbens heute Hunderte Male höher als der Durchschnitt der letzten zehn Millionen Jahre. Das Artensterben an sich ist kein neues Phänomen – es ist ein natürlicher Bestandteil der Evolution und treibt die Entwicklung des Lebens voran. Es begleitet die Geschichte des Lebens seit Milliarden von Jahren. Neu ist jedoch die rasante Geschwindigkeit, mit der es heute stattfindet. Probleme wie der Rückgang bestäubender Insekten, Luftverschmutzung, schwindende Fischbestände, der Verlust von Trinkwasserreserven und der Verlust schützender Mangroven sind ebenso gefährlich wie die Klimakatastrophe, so der Tenor der Wissenschaft. Eine bedeutende Rolle in der Forschung zum Insektensterben spielt der Entomologische Verein Krefeld.

Seit den 1980er-Jahren fangen Forschende des Vereins Insekten in sogenannten Malaise-Fallen. Diese Netzkonstruktionen stehen in Schutzgebieten und sammeln fliegende Insekten, deren Volumen anschließend gemessen und dokumentiert wird. Zwischen 1989 und 2016 hat das Team in über 60 Schutzgebieten geforscht und dabei festgestellt, dass die Masse der fliegenden Insekten um mehr als 75 Prozent zurückgegangen ist. Im Sommer waren es sogar 82 Prozent. Der Rückgang der Biomasse stellt den Star und seine Lebensweise auf eine harte Probe. Ohne eine Mindestanzahl an Insekten zur Brutzeit können unsere Stare nicht überleben.

Am Eingang eines unscheinbaren Industriebaus am Rande eines Naturschutzgebiets in Krefeld erwartet mich Thomas Hörren. Kurz vor meiner Ankunft sehe ich noch ein paar Saatkrähen auf dem Acker picken und eine kleine Gruppe Stare in Richtung Naturschutzgebiet fliegen. Es sind junge Tiere, die jetzt Ende August in Trupps umherziehen. »Willkommen«, sagt Thomas und öffnet die Tür zu einer Welt, die auf den ersten Blick wenig spektakulär wirkt, aber die Grundlage für eine der alarmierendsten Studien unserer Zeit bildet. Thomas ist Vorsitzender der Entomologischen Gesellschaft Krefeld, die 2017 durch die »Krefeld-Studie« weltweit Aufmerksamkeit erlangte.

Seit Thomas 14 Jahre alt ist, beschäftigt er sich mit Käfern. Heute ist er 35. Von den 6000 deutschen Käferarten hat er bereits 4000 selbst gefunden, er kennt sie aber alle. Er trägt ein Käfer-Tattoo auf dem Hals, es ist der kleine Anommatus-Käfer, ein evolutionstechnisch steinalter, völlig unbekannter Käfer, der mit nur 1,5 Millimeter Größe unterirdisch lebt und keine Farbpigmente oder Augen besitzt. Thomas hat ein Faible für augenlose Käfer, erzählt er mir, und ich freue mich, wie immer, zu hören, welche unterschiedlichen Interessen und Leidenschaften wir Menschen doch haben.

Thomas' Interesse für Insekten fing schon in jungen Jahren an. Mit 16 Jahren schrieb er sein erstes Gutachten über Laufkäfer für ein altes Hafengelände, welches ausgebaut werden sollte. Später, als er schon für die großen Naturkundemuseen arbeitete, fiel ihm auf, wie wenig Biodiversitätsforschung mit Handlungsempfehlungen für den praktischen Naturschutz in Deutschland betrieben wurde. Er entschied sich, das zu ändern. Seitdem hat er an zahlreichen Studien mitgearbeitet, die sich mit der biologischen Vielfalt in Naturschutzgebieten beschäftigen.

Wir laufen durch lange breite Gänge und betreten einen großen Saal, vollgestellt mit großen Holzvitrinen. Die Wände sind mit Diagrammen und Karten gespickt. Insgesamt beherbergt die Entomologische Gesellschaft 2,3 bis 2,5 Millionen Exponate; hier im sogenannten Insektenraum gibt es ganze zwei Millionen. Die Einrichtung ist die zweitgrößte naturwissenschaftliche Sammlung in NRW, und ohne den Einsatz von Thomas und anderen Ehrenamtlichen wäre sie wahrscheinlich nie der Öffentlichkeit zugänglich gemacht worden. Der Umzug der Präparate in diesen Raum allein habe 8000 Stunden ehrenamtliche Arbeit in Anspruch genommen, sagt er mir, als wir durch die langen Reihen der Ausstellung laufen.

Die Krefelder Studie brachte das Insektensterben ins Bewusstsein von Politik und Gesellschaft. Sie führte zu Anhörungen im Bundestag, Pressekonferenzen sowie neuen Forschungs- und Überwachungsprogrammen. Nach intensiven Verhandlungen beschloss die Bundesregierung schließlich ein Insektenschutzgesetz, und auch die EU-Kommission setzte sich ehrgeizige Ziele, wie die Halbierung des Pestizideinsatzes. Und auch in den Medien wurde viel berichtet. Und trotzdem, Pestizide und Herbizide töten weiterhin Insekten und ihre Lebensgrundlagen. Monokulturen bieten kaum Vielfalt, und Hecken, Baumgruppen oder Teiche weichen zunehmend größeren Agrarflächen. Auch die Überdüngung bleibt ein enormes Problem. Früher wurden Wiesen ein- bis zweimal jährlich gemäht, wodurch Insekten genug Zeit hatten, sich fortzupflanzen. Heute jedoch werden sogenannte Hochleistungswiesen bis zu siebenmal pro Jahr mit modernen Kreiselmähwerken bearbeitet. Diese erzeugen einen Unterdruck, der selbst flüchtende Tiere mitreißt – für Insekten ist das meist ein Todesurteil.

Thomas Hörren und die Krefelder Studie brachten das Insektensterben ins Bewusstsein von Politik und Gesellschaft. Starenjunge sind wie fast alle Wildvögel auf Insekten angewiesen.

2022 erschienen weitere Studien von Thomas, welche bestätigten, dass auch die Folgejahre nach 2017 bis 2022 keine Veränderung der Biomasse in den Naturschutzgebieten gezeigt hatten. Das Volumen der gefangenen Insekten korrelierte überdies mit dem Standort im Schutzgebiet – je weiter die Malaise-Fallen von den Schutzgebietsgrenzen entfernt standen, desto mehr Insekten wurden gefangen. Je weniger Pufferzonen zwischen den Schutzgebietsgrenzen und der konventionellen Landwirtschaft, desto höher waren die Einwirkungen von Pflanzenschutzmitteln auf die Tiere. Bei insgesamt über 11 000 Kilometer Kontaktlinie zwischen Naturschutzgebieten und konventioneller Landnutzung ohne jegliche Puffersituation müssen wir uns fragen, ob unsere Schutzgebiete wirklich welche sind. Thomas konnte in 21 Naturschutzarealen 16 unterschiedliche Pflanzenschutzmittel an den gefangenen Insekten nachweisen. Für ihn gibt es keinen Zweifel, die wichtigste Ursache für das Insektensterben sind die industriellen menschlichen Eingriffe in die Umwelt: Das sind vor allem Lebensraumzerstörung, zahlreiche Emissionen und nicht genügend effektive Schutzräume.

Was mich während unseres Treffens am meisten beunruhigt, ist, dass die verheerenden Daten des Insektenrückgangs aus Naturschutzgebieten stammen, Orte, die eigentlich Zuflucht für die Natur bieten sollten. Wenn das Artensterben schon in Schutzgebieten so hoch ist, wie sieht es da im Rest des Landes aus?

Ich erinnere mich an ein Gespräch mit einem alten Familienfreund in der Eifel. Michael ist heute 83 Jahre alt. In den letzten Jahrzehnten sind die Stare verschwunden, sagt er. Wo früher noch Tausende von Staren durch den Himmel flogen, sieht er heute keinen einzigen mehr. Niemand kann Philipp und mir sagen, wie viele Stare es in Europa oder Deutschland noch gibt. Wie bei so vielen Insektenarten auch, sagt Thomas:

> »Der Verlust von einzelnen Populationen ist eines der ganz großen Probleme. Wir haben vor dem Artensterben,

über das so viel gesprochen wird, ja eigentlich immer ein Populationssterben, was dem vorangeht. Da reicht am Ende ein einziges Extrem-Event aus, um die Art auf der ganzen Fläche auszurotten, weil die ganzen anderen Populationen nicht mehr da sind ... Wir verlieren lokal im Raum unglaublich viele Arten, und es kommt auch wirklich auf einzelne Gebiete an. Wenn man einzelne Orte hat, wo die Art weg ist, dann sind das erste Aussterbensereignisse.«

Stirbt uns auch der Star vor der Nase weg? Wir haben mit vielen Menschen gesprochen und über ihr Leben mit den Staren erfahren. In einer Sache waren alle sehr klar: Überall nehmen die Bestände ab, sei es in Italien, England, Deutschland, Dänemark oder den Niederlanden – Kleinpopulationen sterben aus oder werden immer weniger. Als ich mich nach drei Stunden von Thomas verabschiede, denke ich an die unzähligen kleinen Leben, die in diesen Proben bewahrt werden – nicht nur für die Wissenschaft, sondern als Mahnung an uns alle. Mein Schädel brummt.

VON SELTENEN STAREN

Philipp

Eine, die viel über das Aussterben der Vögel geschrieben hat, war die Künstlerin und Schriftstellerin Anita Albus. Ihr Buch *Von seltenen Vögeln* habe ich vor vielen Jahren von meinem Onkel Thomas zum Geburtstag geschenkt bekommen mit den Worten, es sei ein »etwas anderes Vogelbuch«, und er sollte recht behalten. Es ist eine Hommage an die ausgestorbenen Vögel dieser Erde und eine Mahnung an uns alle, mit welchem Schatz wir umgeben sind – und wie schlecht wir ihn behandeln. Ich habe es seitdem unzählige Male verschenkt. Auch an Antonia. So wurden wir beide große Fans. Umso schöner ist es, dass wir Anita Albus vor ein paar Jahren einmal treffen durften.

Ich erinnere mich genau an diesen wunderschönen Februarmorgen 2020. Es war kalt, aber die Wintersonne wärmte unsere Gesichter, als wir aufgeregt unter einem blauen Himmel durch München stapften. Unglaublich, wir waren mit Anita Albus verabredet! Anlass war eine von mir geplante Radioreihe auf Deutschlandfunk Kultur über Vögel und Menschen. Ich weiß noch, dass ich etwas nervös war. Antonia begleitete mich aus Interesse, sie hatte mit der Radiosendung eigentlich nichts am Hut, wohl aber mit den Vögeln und ihrer Berührung mit Kultur, Musik und Literatur. Dass sie Anita mit mir getroffen hat, war aus heutiger Sicht auch ein kleiner Vorbote dessen, was wenige Monate später passieren sollte: die Gründung unseres Podcasts.

Eine feine, ältere Dame mit Seidentüchlein um den Hals öffnete uns die Tür und bat uns in ihre alte, riesige Wohnung. Sie wirkte wie ein kleines verwunschenes Schloss, und irgendwie passte das zu Anita. Als wir uns zum Interview an ihren Wohnzimmertisch setzten, legten wir ihr Buch *Von seltenen Vögeln* vor uns in der Mitte. Wir begannen unser Gespräch über den Zauber der Vogelwelt, die menschlichen Beziehungen zu Vögeln und natürlich über ihr Buch.

Das erste Kapitel des ersten Teils, der schlicht »Untergegangene« heißt, widmet Anita Albus *Ectopistes migratorius*, der Wandertaube, und ihrem dramatischen Verschwinden von unserer Erde. Die Wandertaube galt noch im 19. Jahrhundert mit bis zu fünf Milliarden Vögeln zu den häufigsten Vogelarten der Welt, nur wenige Jahrzehnte später war sie ausgerottet. Wenn Greifvögel auftauchten, formten die Wandertauben kompakte Wolken, die blitzartig ihre Richtung wechselten, um den Angreifern zu entkommen – so wie wir es heute von unseren Starenschwärmen kennen. Die Schwärme flogen in dichten Formationen, die sich wellenartig oder spiralförmig durch die Luft bewegten. Durch schnelle und kraftvolle Schläge, bei denen die Flügel nah am Körper gehalten wurden, konnten sie ihre Geschwindigkeit weiter steigern. Diese Flugtechnik ermöglichte es ihnen, sowohl durch offene Landschaften als auch durch dichte Wälder mit hoher Geschwindigkeit zu navigieren. Auf dem Boden hingegen bewegten sich die Tauben in kurzen, ruckartigen Schritten, stets wachsam und bereit, bei Gefahr wieder in die Luft zu steigen. Die Fähigkeit der Wandertaube, in einem Schwarm wie ein einzelner Organismus zu agieren, war ein wichtiger Schutzmechanismus.

Der berühmte Ornithologe John James Audubon, Namensgeber einer der größten amerikanischen Umwelt- und Vogelschutzorganisationen, der »National Audubon Society«, beschrieb 1813 ein Umweltphänomen, das seinesgleichen suchte: Ein Schwarm Wandertauben über Kentucky brauchte drei Tage, um vollständig vorbeizuziehen. Noch 1866 berichteten Zeitzeugen von einem Schwarm mit mehreren Milliarden von Vögeln, der stundenlang die Sonne verdunkelte. 30 Jahre später umfassten die Schwärme nur noch einige hundert Vögel. Die letzte freilebende Wandertaube wurde im Jahr 1900 erschossen, Nachzuchten in Zoos misslangen, die Art pflanzte sich in kleinen Gruppen nicht fort, auch wenn Restbestände noch in einigen Teilen des Landes überlebt hatten. Doch sie brauchte große Schwärme. Es war zu spät. 1914 starb die letzte Wandertaube »Martha« einsam in einem Käfig im Zoo von Cincinnati/Ohio.

Wie konnte es so weit kommen? Wie kann es sein, dass der Mensch in der Lage ist, eine so häufige Vogelart in so kurzer Zeit von der Erde verschwinden zu lassen – für immer? Heute geht man davon aus, dass die Wandertaube nicht vom Menschen ausgerottet wurde, sondern dass der Mensch die Population so stark dezimiert hat, dass die Überlebenden nicht mehr in der Lage waren, ihren Bedürfnissen nachzukommen – auch wenn es vielleicht noch Tausende oder Zehntausende Wandertauben gab. Diesen Effekt nennt man in der Ökologie »Allee-Effekt« nach dem amerikanischen Ökologen Warder Clyde Allee (1885–1955). Er beschrieb ihn als eine besondere Dynamik bei kleinen Populationen, bei denen die Überlebens- und Reproduktionschancen mit abnehmender Populationsgröße sinken. Dieser Effekt spielt eine wichtige Rolle bei Arten, die in Schwärmen leben, wie beispielsweise die Wandertaube – aber eben auch bei unserem Star. Wenn also eine Starenpopulation regional auf zu kleine Größe schrumpft, sei es durch mangelnde Nistplätze oder zu wenig Nahrung für die Jungen, kann der Allee-Effekt eintreten.

Wird eine Population zu klein, geht das auch auf Kosten der genetischen Vielfalt; die ohnehin geschwächte Population ist nun auch noch anfälliger für Inzucht, und ihre Mitglieder sind geschwächt; die Anpassungsfähigkeit sinkt, und das Aussterberisiko steigt. Der Vergleich zwischen Wandertaube und Star, beide berühmt für ihre einstigen Massenvorkommen, ist somit keineswegs weit hergeholt. Das Schicksal der Wandertaube muss uns, bezogen auf unsere Stare, endlich wachrütteln: Populationen können aussterben, auch wenn es vielleicht nicht der Mensch ist, der den letzten Vogel tötet. Das Sterben beginnt viel früher, ermahnt uns Anita Albus eindringlich in ihrem Buch.

Mitten ins Schreiben unseres Buches hinein platzt die plötzliche Nachricht, dass Anita Albus gestorben ist. Antonias Freund, selbst Künstler, schickte mir via Instagram die Nachricht. Ich stehe in meiner Küche, und beim Lesen der Nachricht läuft mir ein Schauer über den Rücken. Es schmerzt, zu wissen, dass sie nicht mehr da ist. Aber ihre Bilder und ihre Geschichten bleiben. Ich verneige mich vor ihrem Werk und bin dankbar für die Stunden, die wir gemeinsam verbringen konnten.

Nach ihrem Tod verfasste Antonia einen kleinen Nachruf auf unserer Instagram-Seite mit einem schönen Porträt von ihr, das wir in ihrer Wohnung an jenem kalten Wintertag in München aufnehmen durften. Gute Reise, Anita, fly high, fliege mit den Wandertauben und den seltenen Vögeln. Mit den ausgestorbenen und denen, die noch unter uns sind. Und auch mit Hunderten, Tausenden Staren. Danke für alles!

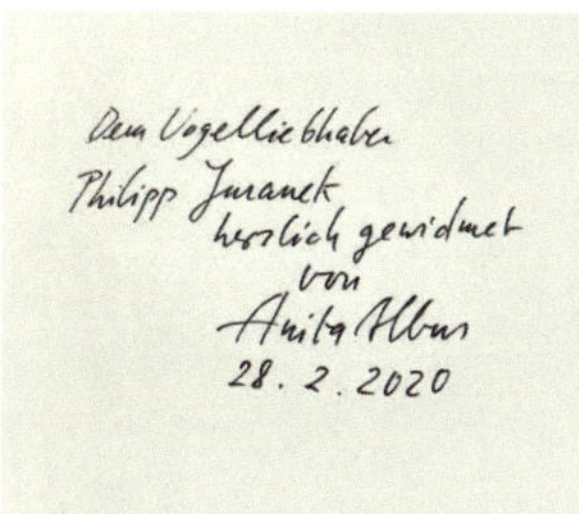

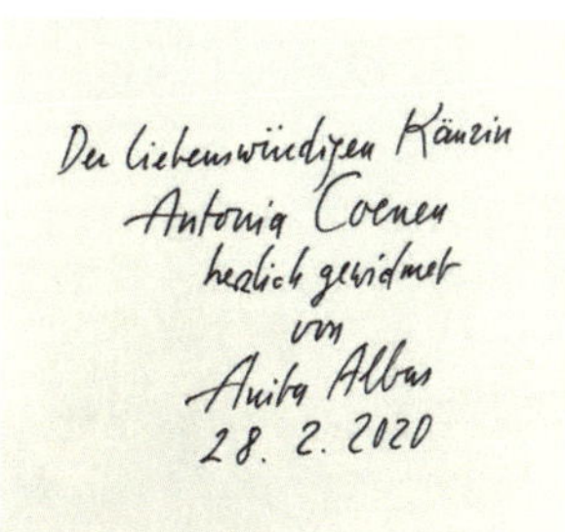

Anita Albus hat mir ihrem Werk, ihrem Wissen und ihrem Wesen einen wesentlichen Beitrag zu unserer ausgeprägten Vogelliebe beigetragen.

STARE *IN ROM*

Als Philipp und ich die Idee für dieses Buch hatten, war ganz klar, wo eine Reise hingehen sollte: nach Rom. Dorthin, wo die größten Starenschwärme Europas gesichtet wurden, mit unglaublichen vier Millionen Staren jedes Jahr im Winter. Wie explodierende Feuerwerke erscheinen sie im Himmel der italienischen Hauptstadt, und die Menschen stehen mit offenen Mündern auf der Straße und beobachten dieses Schauspiel. Philipp und ich wollten zwei dieser Menschen sein und mit dem Zug gemütlich von Köln nach Italien fahren. Doch dazu sollte es leider nicht kommen.

Die Vorbereitungen für unsere Italienreise begannen Anfang 2024. Ich sprach mit Martin Wikelski, um zu erfahren, wann er und sein Team des Max-Planck-Instituts für Verhaltensbiologie die Stare in Italien besendern wollten – ein Unterfangen, von dem er mir bereits im Vorjahr erzählt hatte. Doch Martin war noch gar nicht sicher, ob es in Rom überhaupt klappen würde. Das zweite Mal, dass Philipp und ich aufhorchten, war bei unserem Gespräch mit dem Fotografen Sören Solkaer im Frühling 2024, der in einem Nebensatz erwähnte, dass in Rom in den letzten Jahren gar keine Stare mehr gesichtet wurden. Auch diesen Hinweis verdrängten Philipp und ich. Immerhin war Sören in Dänemark zu Hause, und vielleicht hatte er eine falsche Info bekommen? Wo sollten vier Millionen Stare denn hin sein?

Die Vögel hörten ja nicht plötzlich auf, aus Nord- und Zentraleuropa in den Süden über die Alpen zu ziehen. Und das milder werdende Klima auf der Nordhalbkugel, welches es ihnen erlaubte, bereits in Italien halt zu machen, hatte sich auch nicht abgekühlt. Zwar hatten die Römerinnen und Römer sich über die Jahre mit Vergrämungsmaßnahmen gegen die Unmengen von Staren gewehrt und die großen Schwärme auseinandergetrieben, aber sie hatten es nicht geschafft, sie zu verscheuchen – dachten wir. So stand es zumindest in einem Zeitungsartikel aus dem Jahr 2015. Stur verfolgten wir weiter unseren Plan: eine Vogelreise nach Rom.

Durch das »Komitee gegen den Vogelmord« kamen wir mit italienischen Expertinnen und Biologen aus Rom und Umgebung in Kontakt. Wir sprachen mit dem Biologen Alessandro Montemaggiore, der 1988 seine Masterarbeit über die Stare in Rom geschrieben hatte. Wenn uns jemand über die Stare berichten konnte, dann er. In der Tat war Alessandro ein sehr hilfsbereiter, lustiger und sympathischer Gesprächspartner. Er erzählte uns von den römischen Schwärmen und wie sie von November bis März in der Stadt Zuflucht suchten:

> »Der Himmel verdunkelte sich, wenn die Winterstare zur Dämmerung eintrafen und sich auf ihren Schlafbäumen am Tiber versammelten. Tagsüber schwärmten die Stare auf der Suche nach Nahrung in die umliegenden ländlichen Gebiete aus. Abends kehrten sie in die Stadt zurück, wo es wärmer und windgeschützter war und ihnen nicht so viele natürliche Feinde drohten«.

War es die Sprachbarriere, oder warum war er in die Vergangenheitsform gerutscht? Was war hier eigentlich los? 2021 mussten die Tiere noch da gewesen sein. Damals hatten uns die Horrornachrichten erreicht, dass in der Silvesternacht Hunderte von Staren auf den Straßen nahe dem Hauptbahnhof verendet waren. Von Böllern und Feuerwerken erschreckt, waren sie panisch gegen die Gebäude geflogen oder am Herzinfarkt gestorben. Hatten die Stare danach Rom Arrivederci gesagt?

Es war an der Zeit, die Frage der Frage zu stellen: Kommen die Stare nicht mehr nach Rom? Montemaggiores Antwort war kurz und knapp: »No.« Dann Stille und weiter: »In den 1980er- und

90er-Jahren hatten wir vier Millionen Stare in Rom, heute sind es maximal 100 000 bis 200 000, und auch die habe ich dieses Jahr nicht wirklich gesehen.« Philipp und ich waren geschockt. Ich stammelte: »Aber seit wann und warum?«

Seit den 1920ern waren im Winter die großen Starenschwärme, die über die Alpen gezogen waren und Rom als Schlafplatz nutzten, gekommen. In der Stadt war es wärmer als auf dem Land, und die Winde waren weniger stark. Die vielen alten und hohen Bäume waren die perfekten Übernachtungsplätze. Mit der Zeit hatten die Massen an Staren Touristen angelockt und die Anwohner mit ihrem Lärm und ihrem Kot in den Wahnsinn getrieben. Doch in den letzten vier bis fünf Jahren kamen die Stare nicht mehr.

Die Gründe für das Ausbleiben versuchen Wissenschaftler damit zu erklären, dass das Klima allgemein immer wärmer geworden ist und die Schwärme nicht mehr auf die wärmere Stadt zum Schlafen angewiesen sind. Des Weiteren heißt es, dass die Wanderfalkenbestände in Rom stark zugenommen haben, sodass die Stare ihre Nachtquartiere lieber außerhalb suchen.

Und nicht nur die Zugvögel sind weniger geworden, auch die italienischen Brutvogel-Populationen gehen drastisch zurück. »Ich glaube, die lokale Population hat sich halbiert«, sagt Alessandro Montemaggiore. Genaue Zahlen gibt es nicht, aber der Rückgang ist signifikant. Es ist ähnlich wie in Großbritannien und Deutschland, wo die Brutbestände in den letzten Jahrzehnten auch um 40 bis 50 Prozent zurückgegangen sind. Stirbt *Sturnus vulgaris* etwa vor unseren Augen aus?

14 Millionen Vögel hat Deutschland seit Beginn der 1990er-Jahre verloren. Das besagt der Bericht »Vögel in Deutschland« vom Dachverband Deutscher Avifaunisten (DDA) gemeinsam mit dem Bundesamt für Naturschutz und der Ländergemeinschaft der Vogelschutzwarten. Der Bericht trägt den Star auf dem Titelbild. 14 Millionen Vögel entsprechen einem Verlust von acht Prozent aller Vögel über einen Zeitraum von 24 Jahren (der Bericht hatte den Zeitraum von 1992–2016 ausgewertet). Das be-

deutet einen Verlust von 1600 Vögeln pro Tag über fast ein Vierteljahrhundert hinweg. Legt man einen noch längeren Zeitraum zugrunde und vergleicht die heute etwa 85 Millionen Vogelbrutpaare mit den Daten aus den 1980er-Jahren, ergibt sich sogar ein Verlust von etwa einem Viertel aller Vögel innerhalb von weniger als 40 Jahren. »Unsere Daten zeigen, dass der massenhafte Verlust von Vögeln bereits seit Jahrzehnten im Gang ist«, sagt DDA-Geschäftsführer Christoph Sudfeldt.

Der Verlust unserer Vögel betrifft alle Lebensräume. Die letzten Zählungen haben aber gezeigt, dass vor allem die Vogelbestände im landwirtschaftlich genutzten Offenland ungebremst bergab gehen. 70 Prozent aller hier lebenden Arten verzeichnen einen Bestandsrückgang, und einige wie Kiebitz und Rebhuhn sind nicht mehr zu retten. Es ist kein Wunder, dass bei Wissenschaftlern in ganz Europa die Alarmglocken läuten.

2019 wandten sich mehr als 2500 Wissenschaftlerinnen und Wissenschaftler aus allen Mitgliedstaaten der EU mit einem Brandbrief an die Europäische Kommission. Die katastrophalen Rückgänge bei Vögeln, Säugetieren, Reptilien, Amphibien und Insekten, sagten die Expertinnen, seien durch eine schädliche landwirtschaftliche Praxis in Europa zustande gekommen. Sie appellierten an die Kommissionspräsidentin Ursula von der Leyen und die gemeinsame Agrarpolitik der EU (GAP), zu handeln.

Auf anderen Kontinenten zeigt sich ein ähnliches Bild. Vor einiger Zeit veröffentlichten amerikanische Wissenschaftlerinnen vergleichbare Daten für die USA und Kanada. Ihren Berechnungen zufolge leben in den beiden Ländern heute drei Milliarden Vögel weniger als vor 50 Jahren. Das entspricht dem Verlust fast jeden dritten Vogels.

Für Philipp und mich war es eine erschütternde Erkenntnis, dass es um den Star noch schlechter steht, als wir vor Beginn unseres Buches angenommen hatten. Obwohl ich mich schon seit über 20 Jahren mit Arten- und Naturschutz beschäftige und oftmals deprimiert aus der Wäsche schaue, will ich doch immer noch hoffen. Hoffen, dass die Vögel es schaffen, den vielfältigen Problemen und menschengemachten Veränderungen irgendwie auszuweichen. Schaut man sich die Welt von heute an, ist das kaum noch machbar. Die Gefahren für unsere Stare sind einfach zu zahlreich und zu massiv – in Berlin, in Rom und vor allem auf dem Land.

Wir hätten uns in den Zug setzen und eine schöne Reise nach Rom unternehmen können, mit Cappuccini, Panini und Alpenpanorama, aber Philipp und ich haben uns dagegen entschieden. Um weiterhin »unter Staren« zu leben, wollten wir unsere Zeit und unsere Aufmerksamkeit lieber auf das Wesentliche lenken – die Fragen: »Warum geht es dem Star so schlecht, und was können wir tun, um dem Star zu helfen?«

STAR*LOS*?

»Wenn der Star mit den ersten wärmenden Sonnenstrahlen im Februar oder März sein munteres, von Flügelkreisen begleitetes Lied schmatzend und pfeifend vorträgt, erwärmt er auch unsere Herzen. Durch sein Nisten unter Dachziegeln oder in Nistkästen am Hausgiebel lässt er uns bis in den Sommer hinein wie ein Mitglied unserer Hausgemeinschaft an seinem Familienleben teilhaben. Ein wahrhafter ›Star‹ unserer Vogelwelt.«

Peter Berthold, Ornithologe und Verhaltensforscher

Wir haben also beschlossen, eine weitere Reise zu unternehmen. Zu Beginn dieses Buches war sie nicht geplant; doch genau das ist es ja, was wir wollten: losziehen, dem Star und unseren Fragen hinterher; neugierig bleiben, links und rechts des Weges schauen und entscheiden, wohin es als Nächstes gehen soll. Wir wollen uns mit jemandem unterhalten, der sich über Jahrzehnte hinweg Wissen über Stare und unsere heimische Vogelwelt angeeignet hat, wie kaum ein Zweiter; ein Zeitzeuge unserer Vogelwelt sozusagen.

Prof. Dr. Peter Berthold antwortet auf unsere erste E-Mail und lädt uns herzlich ein, ihn zu besuchen. Ohne zu zögern, packen wir unsere sieben Sachen und machen uns auf den Weg in den Süden. Irgendwo in Baden-Württemberg wechseln wir von der Bahn ins Auto und fahren durch die hügelige schwäbische Landschaft; über groß ausgebaute Umgehungsstraßen und Schnellstraßen durch Weinberge und Obstplantagen, ganz so idyllisch wie gedacht, ist es dann doch nicht. Das Auto dominiert in dieser Gegend eindeutig alles. An den Rändern der Dörfer liegen Relikte alter Obstwiesen, auf manchen grasen ein paar Kühe. Wir sind aufgeregt, freuen uns auf den Besuch bei einem der berühmtesten Ornithologen unserer

Zeit, und natürlich freuen wir uns auch über die Tatsache, gemeinsam unterwegs zu sein; im Gepäck unsere Eindrücke und Recherchen zum Star. Überpünktlich parken wir das Auto am Ende der kleinen Straße am Hang. Wir klingeln erwartungsvoll, eine Stimme bittet uns hoch, und so gehen wir einen kurvigen, gepflasterten Weg durch einen verwunschenen, wilden Garten. Überall tschilpen Spatzen. Hier wohnt ein Vogelfreund, das ist klar. Uns fällt direkt eine überdimensionierte Futterstelle ins Auge, auf der reger Betrieb herrscht. Peter Berthold hat so viele Bücher zum Thema Vogelfütterung geschrieben wie kein anderer. Auch ein typischer Starenkasten, ganz klassisch hoch oben am Giebel des Hauses, heißt uns und unser Vorhaben willkommen.

Mit wachen, freundlichen Augen sagt Peter Berthold »Grüß Gott!« und bittet uns mit einer einladenden Handbewegung in sein moosbewachsenes Haus. Überwacht von einem ausgestopften Auerhahn, setzen wir uns in sein Arbeitszimmer, welches voller Bücher ist – seine eigenen Bücher, und er hat viele geschrieben. Standardwerke über die Brutvögel Mitteleuropas, über den Vogelzug, Fütterung und viele mehr. Peter Berthold forschte ausführlich mit seinem Team in der Vogelwarte Radolfzell zu Mönchsgrasmücken, deren Bilder über seinem Schreibtisch hängen. Er war Direktor und Wissenschaftliches Mitglied der Max-Planck-Gesellschaft, heute Max-Planck-Institut für Verhaltensbiologie. Bei all seinen Projekten geht es ihm nicht ums bloße Forschen und Veröffentlichen, es geht ihm immer um die Vögel selbst, um den Artenschutz, um ganz konkrete Maßnahmen. 1964 schrieb er seine Doktorarbeit über keinen Geringeren als *Sturnus vulgaris*, unseren Star. Wir freuen uns und sehen es als ein Zeichen dafür, dass wir die richtige Entscheidung getroffen haben, hierher zu reisen.

Nun sitzen wir also an seinem Schreibtisch und beginnen, uns ganz ungezwungen zu unterhalten. Denn das kann man mit Professor Peter Berthold gut. Er ist kein arroganter Wissenschaftler, der uns »junge Anfängerinnen« belächelte, sondern er ist interessiert an uns und unserem Anliegen. Er kennt sogar unser erstes Buch und findet es gut. Mit T-Shirt und chilligen Klamotten sitzt er an seinem Schreibtisch und lässt uns in sein Leben herein. So kommen wir dann auch schnell zum Punkt: »Warum werden unsere Stare immer weniger?«, fragen wir ihn.

> »Der Hauptgrund ist die intensive Landwirtschaft. Wir haben einen massiven Verlust von Wiesenflächen, insbesondere in Regionen wie der Oberrheinebene. Dort waren früher 80 Prozent der Flächen Wiesen, jetzt sind es etwa 80 Prozent Maisfelder. Diese Veränderung hat gravierende Folgen für die Stare – und viele andere Vogelarten, die allesamt auf artenreiche Wiesen angewiesen sind. Zudem hat der exzessive Einsatz von Gülle und Pestiziden das Bodenleben stark verarmt. Insbesondere die Larven der Schnaken, die früher Hauptnahrung der Stare waren, sind fast verschwunden. Auch Regenwürmer und Engerlinge, wichtige Proteinquellen, sind heute schwer zu finden.«

Wir müssen es erst aus Peter Bertholds Mund hören, um es zu akzeptieren. Sogar der Star, der anpassungsfähige, kluge und aufgeweckte Allerweltsvogel, ist durch die Intensivierung der modernen Landwirtschaft massiv in Gefahr. Zu lange haben wir uns vorgemacht, dass die ziehenden Stare vielleicht woanders brüten, woanders hinziehen, woanders fressen, woanders schlafen und im Himmel schweben. Aber es ist an der Zeit, das Unbegreifliche auszusprechen: Millionen von Staren sind nicht woanders – sie sind nicht mehr da!

Worüber wir in vielen Podcast-Folgen sprechen und auch in unserem ersten Buch geschrieben haben, ist die Tatsache, dass die veränderte Landwirtschaft für den Rückgang unserer Wiesenvögel und die Offenlandarten verantwortlich ist: für das Wenigerwerden des Kiebitz, der Feldlerche, des Großen Brachvogels und vieler anderer. Aber es sind auch die klugen Stare, die mit den Veränderungen nicht mehr zurechtkommen. Sie gehören längst zu den klaren Verlierern. Doch es gibt keine offiziellen Zahlen, und so passiert der Rückgang der Populationen leise und ungehört. Schuld daran sind die verlorenen Lebensräume, Biotope und Ökosysteme. Sie haben endlosen Monokulturen Platz gemacht. Um zu verstehen, was in den letzten 50 Jahren mit unseren Vögeln passiert ist, wollen wir kurz etwas tiefer in diese Thematik eintauchen.

Die Landwirtschaft schmückt sich oft damit, dass zum Beispiel Maisfelder nicht so häufig befahren und gespritzt werden müssen wie andere Feldfrüchte – verschweigt allerdings, dass das daran liegt, dass bereits das Saatgut umschlossen von Chemie ausgesät wird. Die Maiskörner werden fertig »gebeizt« geliefert. Das heißt, sie werden schon mit Pflanzenschutzmitteln behandelt, noch bevor sie in der Erde landen. Pflanzenschutzmittel klingt erst einmal gut, da die Pflanze geschützt wird. Leider ist das Pflanzenschutzmittel, welches verwendet wird, für alle außer die Pflanze reines Gift. Und dieses Gift wird eingesetzt, um »Schädlinge«, also Insekten oder Vögel, und Pilzbefall von der Saat oder Pflanzung fernzuhalten. Das Gift und die Saat kommen von den gleichen Herstellern.

Laut der Heinrich-Böll-Stiftung herrschen derzeit drei Konzerne über 60 Prozent des weltweiten Marktes für kommerzielles Saatgut und Agrarchemikalien: DuPont, ChemChina-Syngenta und Bayer/Monsanto. »Baysanto« ist mit Abstand der größte Agrarkonzern weltweit. Er verfügt über ein Drittel des globalen Marktes für kommerzielles Saatgut. Mit der Kontrolle über das Saatgut erlangen diese Konzerne Macht über einen Markt, der so existenziell ist wie kein anderer: Unsere Nahrung und die Nahrung unserer Nutztiere.

Weltweit wird auf 77 Prozent der Landfläche Futter für Tiere zur Erzeugung von Fleisch, Milch und Eiern angebaut. Doch tierisches Protein liefert nur 18 Prozent unserer weltweiten Kalorien. Die Erzeugung von tierischen Produkten ist also extrem ineffizient. Doch mithilfe der Agrarkonzerne ist es heute lukrativer, Mais anzubauen und das Vieh in Riesenhallen mit Maissilage zu füttern, als die Tiere Heu von der Wiese fressen zu lassen. So gibt es Monokulturen statt artenreiche Wiesen, keine Insekten und bald wohl auch keine Vögel mehr.

Schnell zurück ins gemütliche Arbeitszimmer von Peter Berthold. Warum ist das alles nun relevant für den Star? Wenn in Deutschland auf etwa 16,5 Millionen Hektar, also knapp der Hälfte der gesamten Fläche, Landwirtschaft betrieben wird, und davon 60 Prozent Ackerbau vor allem für Nutztierfuttermittel, auf dem kaum ein Insekt mehr lebt, dann fehlen dem Star die Larven im Boden, die Schnaken, die Käferlarven und auch die Würmer. Unverzichtbare Nahrungsgrundlage, zumindest zur Brutzeit, wenn der Star pausenlos hungrige Schnäbel stopfen muss. »Viele Jungvögel verhungern bereits im Nest, weil die Altvögel nicht genug Nahrung finden können«, sagt Peter Berthold, eine direkte Folge der Intensivierung der Landwirtschaft. »Ich habe hier im Schutzgebiet durchgesetzt, dass wir eine Herde Wasserbüffel auf die Wiesen stellen, und es hat noch keine zwei Stunden gedauert, und die Stare waren da. Das ist für die Stare ein wahres Eldorado, aber wo gibt es das sonst noch?«

Peter Berthold hat den Wandel der Landwirtschaft mit eigenen Augen gesehen. Er erzählt uns von der Freude, wenn nach einem langen Winter der erste Star an seinem Nistkasten oben am Giebel landete und der Himmel ganz schwarz wurde vor Staren, wie Menschen mit ihren Autos rechts ranfahren mussten, wenn Starenwolken Richtung Süden flogen, und wie ganze Fahrzeuge weiß getüncht waren vom Kot der Vögel. Heute freut er sich über zehn Brutpaare, die bei ihm nisten. Als wir wieder im Auto sitzen, fahren wir erst einmal stumm durch die Landschaft. Uns ist klar geworden: Unsere Stare werden, wie so viele andere Vögel, die intensive Landwirtschaft, wie wir sie weltweit betreiben, auf lange Sicht nicht überleben. Aber wir haben noch einen Besuch geplant.

Auch Bio-Bauernhöfe sind längst keine kleinen Höfe mehr. Stephanie Strotdrees ist Bäuerin aus Harsewinkel in Nordrhein-Westfalen. Gleichzeitig war sie zehn Jahre lang Vizepräsidentin des mächtigen Verbands Bioland. Sie kennt also Theorie und Praxis. Wir erwischen sie auf ihrem Hof beim Pflanzen von Obstbäumen für eine neue Streuobstwiese. Stephanie ist als Bio-Bäuerin nicht Teil des konventionellen Systems, aber auch sie hat große Äcker, auch sie schlachtet Kühe und Schweine, und ihr Betrieb im Münsterland ist umzingelt von konventionellen Höfen:

> »Mein Nachbar hier hatte immer ein Stück Grünland, also Wiese, die eigentlich zu feucht und kein guter Standort war. Das ist ganz normal. In der Landwirtschaft hast du immer schon Standorte gehabt, auf denen du nicht das anbauen konntest, was du wolltest. Aber das war kein Problem, denn Grünland hat man ja immer für die Tiere gebraucht.« Stephanie fährt fort: »Inzwischen hat der Nachbar diese Wiese umgebrochen und baut auch dort Mais an. Und das geht, weil die Technik in der Landwirtschaft sich so krass entwickelt hat. Ich kann als Landwirt heute jede Fläche zu jedem Zeitpunkt bearbeiten. Ich kann mit mehr PS über die Flächen fahren, ich kann noch breitere Reifen aufziehen. Im Ergebnis macht das natürlich etwas mit der Landschaft, mit meinen Böden, mit meiner Umwelt.«

Diese Technisierung ist heute in weiten Teilen Mitteleuropas Standard und beeinflusst eine Tier- und Pflanzenwelt, die sich über Jahrhunderte entwickelt hat und die nun vielerorts binnen weniger Jahrzehnte ausgelöscht wurde. Leistungsstarke Traktoren, Mähdrescher und andere moderne Landmaschinen ermöglichen heute auch auf schwierigen Böden eine effiziente Bodenbearbeitung, Aussaat und Ernte. Das Aussterben des Feldhamsters ist eines der berühmtesten Beispiele im Artenschutz, die zeigen,

Mein Leben
für die Vögel

Ein Leben für die Vögel: Wie kaum ein Zweiter hat sich Peter Berthold unseren Vögeln und ihrem Schutz verschrieben. Wer ihn trifft, spürt, wie viel er neben seiner Forschungsarbeit auch ganz emotional für die Vögel empfindet.

dass das System so effizient geworden ist, dass kein einziges Körnchen für die Nager mehr abfällt und die Tiere schlicht verhungern. Wo es noch vor 50 Jahren Prämien auf erlegte Hamster gab, sind sie heute großräumig ausgestorben.

Hinzu kommt, dass der Einsatz von synthetischen Düngemitteln die Bodenfruchtbarkeit auch auf nährstoffarmen Böden künstlich anhebt. Standorte werden künstlich fruchtbar gemacht, aber zu viele Nährstoffe im Boden bedeutet auch für viele Insekten, den Star und seine Jungen das Aus. Die Intensivierung der Landwirtschaft seit den 1950er-Jahren hat somit zwar die Erträge und Flächennutzung optimiert, ist jedoch fatal und vielerorts das Ende der Artenvielfalt.

Stephanie steht auf ihrer Wiese und schaut nachdenklich. Landwirte haben viele Bedürfnisse, unterschiedliche Biografien, und über allem schwebt die Politik, die die konventionelle Landwirtschaft subventioniert, aber eben auch reguliert. Es braucht immer Menschen mit Eigeninitiative, die aus dem System aussteigen und etwas verändern.

Naturschutz und Landwirtschaft scheinen heutzutage im Widerspruch zueinander zu stehen. Wir wollen da, wo alle immer hinzeigen, wenn es um die Verordnungen der Landwirtschaft geht, nachfragen, im EU-Parlament. Ist ein Miteinander zwischen Naturschutz und Landnutzung überhaupt noch möglich? Doch weder Norbert Lins (CDU, stellvertretender Vorsitzender des Agrarausschusses im EU-Parlament) noch der Österreicher Alexander Bernhuber (Agrar- und Umweltsprecher der ÖVP-Delegation im EU-Parlament) und der Italiener Herbert Dorfmann (EVP, Mitglied im Ausschuss für Landwirtschaft und ländliche Entwicklung) haben Zeit für ein Interview mit uns.

Es gibt eine EU-Verordnung, die zwischen all den Kriegen und politischen Erdbeben wie ein kleiner Hoffnungsschimmer wirkte. Das »Nature Restoration Law«, zu deutsch »Verordnung über die Wiederherstellung der Natur«. Das klingt doch eigentlich ganz gut. Dass diese Verordnung 2024 EU-weit rechtskräftig wurde, ist dem pausenlosen Kampf einiger EU-Parlamentarierinnen und -Parlamentarier zu verdanken. Eine Vorkämpferin für das »Renaturierungsgesetz« ist die rheinland-pfälzische Politikerin Jutta Paulus. Wir erreichen Jutta an einem grauen Dezembertag morgens um neun Uhr in ihrem Büro in Brüssel. Online, wir haben ein Zoom-Meeting anberaumt. Wir hatten zwar bereits Wochen zuvor unsere Züge gebucht und uns auf die Reise nach Brüssel gefreut, auf die Fritten, die Schokolade und das Brüsseler Europaviertel. Doch die Bahn strich unsere Verbindungen, Philipp strandete im Nirgendwo, also disponierten wir um. Antonia sitzt in ihrem Arbeitszimmer in Köln, Philipp auch wieder zu Hause in Brandenburg und Jutta in Brüssel. Die Stimmung ist gut. Wir gratulieren ihr zu ihrem Erfolg. Was kann das neue Renaturierungsgesetz bewegen?

> »Ziel ist, auf 20 Prozent der Land- und Meeresflächen Renaturierungsmaßnahmen durchzuführen. Dazu gehört zum Beispiel die Umwandlung intensiver Grünlandnutzung in artenreiches Grünland oder die Renaturierung von 25 000 Kilometern europäischer Fließgewässer.«

Aber es sieht verdammt schlecht aus für den Naturschutz in Europa, und es wird, nach dem Ergebnis der Europawahl 2024, auch in Zukunft nicht leichter werden.

> »Wir haben im EU-Parlament jetzt drei rechte und rechtsradikale Fraktionen. Und dazu haben wir noch die Ecke mit den Konservativen, die PiS-Partei, Fratelli d'Italia. All diesen Leuten ist Naturschutz egal. Naturschutz wird von denen höchstens instrumentalisiert, wenn es gegen erneuerbare Energien geht. Aber ansonsten haben die mit Naturschutz nicht viel am Hut.«

Knallhart hat Jutta die Stimmung verdorben. Und da das so ist, können wir jetzt auch ans Eingemachte gehen. »Was ist das Problem?«, fragen wir – obwohl wir die Antwort bereits kennen. Wir kennen sie seit 20 Jahren, es ist immer die gleiche. Es geht um Geld, Wachstum und Kapital. Und da Jutta Politikerin ist, gibt sie eine differenziertere Antwort als wir:

> »Ein großes Problem ist, dass es für den Schutz der Biodiversität kein lukratives Geschäftsmodell gibt. Anders als beim Klimaschutz, wo grüne Technologien wirtschaftlich interessant sind, fehlt es hier an vergleichbaren Anreizen. Oft wird argumentiert, dass der Naturschutz anderen wichtigen Themen im Weg stehe. Zum Beispiel heißt es, erneuerbare Energien könnten nicht ausgebaut werden, wenn Naturschutzgebiete zu streng geschützt würden. Andere sehen den Fokus auf Biodiversität als Gefahr für die Ernährungssicherheit. Diese Argumente sind oft wirtschaftlich motiviert und ignorieren, dass eine intakte Natur die Grundlage für all unsere Lebensgrundlagen ist.«

WEITER UNTER STAREN

»Hope is the thing with feathers -
That perches in the soul -
And sings the tune without the words -
And never stops - at all.«
Emily Dickinson

Warum widersprechen sich Landwirtschaft und Naturschutz eigentlich heute so sehr? Das war doch auch mal anders. Oder romantisieren wir hier zu stark? Der Bauer, der sich über die erste Feldlerche freut, die über seinem Acker fliegt und vom Frühling singt; Volkslieder über Vögel, Aufbruch, Freiheit. Die Bauernregeln, die besagen, dass es Glück bringt, wenn Schwalben an deinem Haus ihre Nester bauen. Und was ist mit dem Storch, der die Kinder bringt? Kulturelle Zeitzeugen einer anderen Ära. Die Landwirtschaft teilt sich heute riesige Flächen mit der Natur, in der Natur, mit den Vögeln. Ist es dann nicht eigentlich selbstverständlich, dass man aufeinander Rücksicht nimmt? Oder muss man das in unserem kapitalistischen System einfach nicht mehr, weil chemischer Dünger, riesige Maschinen, Gift und die Konzerne, die dahinterstehen, komplett die Macht übernommen haben? Wenn der Acker tot ist, Insekten und Vögel ausgestorben, wen juckt das denn kurzfristig überhaupt? Früher war der Star gern gesehen, weil er Larven und Schädlinge aus dem Boden geholt hat. Heute kann die Chemiekeule das viel effizienter und schneller. Also wird er nicht mehr gebraucht und auch nicht vermisst?

Wahrscheinlich ist das die brutale, simple Antwort. Wir Menschen machen uns die Natur solange zunutze, wie sie uns etwas bringt. Teilen alles knallhart ein in »Nützlinge« und »Schädlinge«. Wenn es dann eine effizientere oder billigere Lösung gibt, lassen wir die Natur fallen und scheren uns einen Dreck um sie. Wir haben jahrhundertelang mit den Staren gelebt; sie in unseren Gärten, auf unseren Höfen angesiedelt. Heute trauern ihnen nur ein paar Naturschützer hinterher, mahnen und sagen, dass wir ohne die Wildbienen verloren sind, ohne die Schmetterlinge, ohne die Stare. Geht es denn immer nur um Kapital, Effizienz und Ertrag? Hat ein Leben nur einen Wert, wenn es für uns Menschen gut und nützlich ist? Wann sind wir solche Egoisten geworden?

Der Journalist Christian Schwägerl fordert in seinem Buch *Die Flugbegleiter* eine neue Allianz zwischen Landwirtschaft und Naturschutz. Beide müssten zusammen die Agrarpolitik »so in die Mangel nehmen, wie es nötig ist«. Naturschutz sei nämlich die unbedingte Voraussetzung für eine funktionierende Landwirtschaft in Zeiten der Klimakrise. Beide, Landwirtschaft und Naturschutz, seien gemeinsam Opfer einer lange verfehlten Politik, die der Natur viel zu wenig Raum und Beachtung schenkt. Beide Seiten müssten miteinander reden, aufeinander zugehen. Nicht gegeneinander mobilisieren.

Das Gefühl haben wir auch, aber ein grundsätzliches Problem bleibt: Die Landwirtschaft »wirtschaftet«, sie bringt Erträge, zahlt Steuern an den Staat, ermöglicht Handel und so weiter. Die Natur wirtschaftet nicht. Sie ist einfach da. Und wird ausgenutzt. Zwar war das schon immer so, doch sind acht Milliarden Menschen auf der Erde eine andere Hausnummer als 1,65 Milliarden im Jahr 1900.

Ein Grundpfeiler, oder eher eine Brücke, die Naturschutz und Landwirtschaft einst einmal verband, ist sehr porös geworden und teilweise bereits eingestürzt. Es geht um nachhaltiges Denken und nachhaltiges Wirtschaften. Nachhaltig, also auf längere Zeiträume ausgelegt, längere Zeiträume überdauernd als das eigene, kurze Leben. Heute wissen viele Landwirte gar nicht, ob ihre Kinder den Hof einmal übernehmen werden, viele Waldbesitzer wissen nicht, wer in 80 Jahren die jungen Bäume einmal fällen wird, die sie heute pflanzen. Diese Denkweise, nicht nur in die eigene kleine Tasche zu wirtschaften, ist uns komplett abhandengekommen. Auf Kosten von Zauneidechsen, Gelben Heufaltern, Feldhamstern, Gelbbauchunken und Staren. Dass wir als Menschheit aber langfristig von einer intakten Natur profitieren, dieser Fakt hat völlig an Wert verloren. Dieser Weitblick fordert Empathie statt Egoismus. Die Menschen haben das irgendwie vergessen. Oder verdrängt?

Die schöne Idee, an Freiwilligkeit und an die Vernunft der Menschen zu appellieren, statt weitere Regeln und Verbote zu erlassen, ist wahrscheinlich gescheitert. Es ist die Politik, die uns Menschen dazu anhalten müsste, so zu leben, dass auch unsere Umwelt eine Chance hat. Damit auch nachfolgende Generationen noch auf dieser Erde leben können. Bislang aber passiert das nicht. Also müssen wir ran. Das Gute: Wir können wählen gehen, wir können in Parteien eintreten, wir können unsere Gesellschaft mitgestalten. Überlassen wir das nicht den Rechten. Unser ganz persönlicher Alltag ist voll von Entscheidungen, die wir treffen. Da kann uns keiner was, da sind wir stark, in unseren Familien, in unseren Freundeskreisen, wir können alleine und frei entscheiden. Diese Entscheidungen können wir zum Wohle der Umwelt, der Natur, der Vögel, des Stars und letztlich für uns selbst treffen. Jeden Tag!

Das sind wir den Vögeln schuldig. Denn wenn nicht wir, wer dann? Nutzen wir unsere Kraft – und zwar zusammen. Scheinbar kleine Dinge wie das gemeinsame Bauen von Nistkästen an Schulen, wie wir es schon lange mit den »Berliner Spatzenrettern« machen, oder die Gemeinschaft, die wir uns durch unseren Podcast »Gut zu Vögeln« aufgebaut haben, sind ein guter Anfang. Jede Umweltgruppe, jede Naturschutz-AG kann andere motivieren, mitzumachen. Zeigen, dass man nicht alleine ist. Das Gefühl, nicht allein zu sein mit seiner Meinung und seinen Prioritäten, seiner Liebe zur Natur, in einer Welt, in der diese Themen oft hinten runterzufallen scheinen, ist ein nicht zu unterschätzender Faktor. Ein enorm mächtiger Faktor. Also, bildet Banden! Widersetzt euch! Widersprecht den Leuten, die sagen, man könne ja eh nichts ändern. Das stimmt nicht. Und wisst ihr, was das Beste daran ist? Wir sind gemeinsam *für* etwas. Ist euch schon mal aufgefallen, wie viele Menschen immer nur gegen etwas sind? *Für* etwas zu sein, gemeinsam für etwas einzustehen – voller Freude, Tatendrang und Motivation, etwas zu verändern –, das ist das freundliche Gesicht unserer Gesellschaft. Das macht Spaß – und gibt Hoffnung.

Wir haben uns kurz vor der Fertigstellung des Manuskriptes mit Sebastian Amler, dem Jugenddelegierten der UN-Weltnaturkonferenz COP16 2024, unterhalten. Wir wollten von ihm erfahren, wie die internationalen Verhandlungen gelaufen sind und ob er noch an das Gute glaubt, Hoffnung hat. Seine Antwort war Anlass für uns, dieses Kapitel zu schreiben und damit unser Buch zu beenden: »Wir sagen oft, es hat keinen Sinn mehr, wir sind verzweifelt, wissen oft nicht weiter, wie wir mit unseren Zielen in dieser Welt vorankommen sollen, gegen all die Widerstände. Aber achtet mal darauf, noch nie hat jemand von uns aufgegeben. Wir machen alle weiter, wir kämpfen alle weiter. Das ist das Besondere und die irre Kraft von uns Naturschützern!«

Danke, lieber Sebastian. Wir stimmen dir zu. Unsere Reise zum Star hat uns noch einmal darin bestätigt, dass wir gemeinsam denen eine Stimme geben müssen, die keine haben. Wir stehen zusammen für eine gute Sache ein. Für die beste Sache, die wir haben: unsere Erde. Wir sind empathisch und denken an jene Wesen, die uns umgeben, die nicht aufstehen und protestieren können, die keine große Bühne haben – und die alleine nicht mehr überleben können zwischen uns raffgierigen Menschen.

Und das funktioniert nur, wenn wir unsere Herzen öffnen. Es funktioniert nur, wenn wir den Schatz wahrnehmen, der uns umgibt. Und bemerken, was er uns kraftvoll zurückgibt: ein singender Star auf dem Dachfirst, mit aufgerissenem Schnabel, der seine Flügel aufgeregt kreisen lässt; eine Gruppe Stare, die über den Dächern kreist, um sich in ihrem angestammten Hinterhof ins Efeu fallen zu lassen und im Schutz unserer Nähe zu schlafen. Große, glitzernde Starenschwärme, die wir zufällig im Abendlicht entdecken – die wie eine tanzende Wolke über dem Schilf schweben und uns vor Anmut verstummen lassen. Und all die Menschen, die diese Schwärme mitten ins Herz treffen. Die Menschen, die nicht müde werden, weiterzumachen. Ja, genau dafür lohnt es sich, zu kämpfen. Immer weiter; weiter unter Staren.

Vergiß, o Menschenseele,
Nicht, daß du Flügel hast.

Emanuel Geibel (1815–1884)

DANK*SAGUNG*

Danke an alle, die wir auf unserer Vogelreise kennenlernen durften, die uns ihre Türen geöffnet haben, die unsere Fragen beantwortet haben, die sich mit uns so intensiv über diese einzigartige Vogelart ausgetauscht haben. Danke, dass ihr euer Wissen und eure Leidenschaft mit uns geteilt habt! Danke, dass ihr euch tagtäglich durch eure Worte, eure Kunst, eure Wissenschaft, euer Engagement für den Schutz unserer Vögel, insbesondere für unsere Stare, einsetzt.

In Zeiten, in denen Naturschutz politisch immer weniger gewollt zu sein scheint, in denen kein Platz für die Finanzierung der großen Klima- und Umweltfragen zu sein scheint, weil das Geld an anderer Stelle gebraucht wird, kommt es auf genau solche Stimmen an, kommt es auf uns alle an, die Nöte und Sorgen unserer Vögel sichtbar zu machen – laut zu sein. Danke, dass ihr weitermacht, dass ihr nicht aufgebt, obwohl es manchmal aussichtslos erscheint.

Aber auch an die Leisen einen großen Dank! Ihr, die ihr euch jeden Tag für die einsetzt, die keine Stimme haben. Ob Amphibien, Insekten, Nutztiere oder eben Vögel: Es gibt unzählige Menschen da draußen, die sich dem Natur-, Arten- und Tierschutz verschrieben haben; die sich täglich selbstlos engagieren, ohne großartig darüber zu reden, ohne sich aufzuspielen, ohne eine große Bühne zu haben. Ihr macht uns Hoffnung; zusammen mit euch können wir weitermachen und versuchen, hoffnungsvoll in die Zukunft zu schauen. Das geht nur gemeinsam. Für eine Zukunft, in der unsere liebsten Stare auch weiterhin aus voller Kehle vom Dachfirst singen und uns das Herz erwärmen. Danke!

Danke an unsere Liebsten! Für eure Unterstützung, euer Verständnis und eure Liebe!

Insbesondere danken wir unseren beiden Siebenbürger Jungs!

Zuletzt: Danke an alle Stare, die ihr durch den Himmel schwebt und die schönsten Lieder singt.

Eine Welt ohne euch wollen wir uns niemals vorstellen.

WEITERFÜHRENDE LITERATUR UND QUELLEN

Anita Albus: Von seltenen Vögeln. S. Fischer, 2005.

August Heinrich Hoffmann von Fallersleben: Alle Vögel sind schon da. Erstveröffentlichung: 1837.
Online unter: https://de.wikipedia.org/wiki/Alle_V%C3%B6gel_sind_schon_da

August Heinrich Hoffmann von Fallersleben: Die Stare. In: Auf leichten Schwingen. Vogelgedichte. Jan Thorbecke Verlag, 2025.

Christian Adolph Overbeck (Text, 1776), Wolfgang Amadeus Mozart (Musik, 1791): Komm, lieber Mai, und mache.
Online unter: https://de.wikipedia.org/wiki/Komm,_lieber_Mai,_und_mache

Christian Schwägerl: Die Flugbegleiter. Kosmos, 2020.

Elisabeth Kals, Susanne Freund, Patricia Zieris: LBV Präventionsprojekt: Alle Vögel sind schon da – Vogelbeobachtung in vollstationären Pflegeeinrichtungen. Abschlussbericht der wissenschaftlichen Begleitstudie (Oktober 2017 bis September 2020). Katholische Universität Eichstätt Ingolstadt.

Emily Dickinson: Hope is the thing with feathers. Erstveröffentlichung: 1861.
Online unter: https://en.wikipedia.org/wiki/%22Hope%22_is_the_thing_with_feathers

Erich Kästner: Die dreizehn Monate. Erstveröffentlichung: 1955.

Ernst Meister: Vogelwolke. Erstveröffentlichung: 1977. Mit freundlicher Genehmigung des Rimbaud Verlags.

Erwin Stresemann: Der Starenkasten. In: Der ornithologische Beobachter, Monatsberichte für Vogelkunde und Vogelschutz, 25. Oktober 1948.

Extensive Homosexuality Is Found Among Seagulls Off Coast of California. In: The New York Times, 23 November 1977, S. 12.

Gerhard Föhr: Nistkästen und Vogelschutz: Im Wandel der Zeit. Westarp Wissenschaften, 2005.

Grit Schneider, Eric Neuling, Heinz Kowalski: Der Star. Vogel des Jahres 2018. Broschüre des Naturschutzbunds Deutschland (NABU), 2018.

Gustav Nottebohm: Mozartiana. Von Mozart herrührende und ihn betreffende, zum großen Theil noch nicht veröffentlichte Schriftstücke. Nach aufgefundenen Handschriften. Leipzig 1880, S. 9.
Online unter: http://www.zeno.org/nid/20007766572

Harper Lee: Wer die Nachtigall stört. Engl. Erstveröffentlichung (To Kill a Mockingbird): 1960.

Hermann Heinzel, Richard Fitter, John Parslow: Pareys Vogelbuch. Alle Vögel Europas, Nordafrikas und des Mittleren Ostens. Blackwell Wissenschafts-Verlag, 1996.

How About Citizenship Papers for the Starling? In: Nature Magazine, 1939.

John Barlow: Wing Beats. British Birds in Haiku. Snapshot Press, 2008.

Lyanda Lynn Haupt: Mozart's Starling. Little, Brown Spark, 2017.

Octavie Wolters: Das Lied des Stars. Verlag Freies Geistesleben, 2024.

Paul Gerhardt: Geh aus, mein Herz, und suche Freud. Erstveröffentlichung 1653.
Online unter: https://de.wikipedia.org/wiki/Geh_aus,_mein_Herz,_und_suche_Freud

Rachel Carson: Der stumme Frühling. Engl. Erstveröffentlichung (Silent Spring): 1962.

T.A. Coward: Bird Haunts and Nature Memories, Erstveröffentlichung: 1922.

Ted Hughes: Starlings Have Come. In: The Collected Poems. Faber and Faber, 2003.

Urs N Glutz von Blotzheim: Handbuch der Vögel Mitteleuropas. Bd.13/3, Passeriformes: Passeriformes. 4. Teil / Corvidae – Sturnidae. Aula, 1993.

William Shakespeare: Sämtliche Werke in vier Bänden. Band 3, Berlin: Aufbau, 1975, S. 190–200.
Online unter: http://www.zeno.org/nid/20005688833

Bildnachweis

Stefan Becker: S. 101 (o. r.). Samuel Beyertt: S. 44 (o.), 74, 136, Vorsatz, Nachsatz. Bernd Binder: S. 78/79. Xavi Bou: 113 (2). Tobias Bürger: S. 14, 150, 155 (u.), 184 (o. r.), 185. Antonia Coenen / Philipp Juranek: S. 12 (o. l., o. r.), 165 (o. r., u. r.), 172 (u.), 191 (3), 204, 205. Bruno Cignini: S. 7, 89 (2), 141, 147 (u.). Janosch Delcker: S. 192. Eduard Demartini: S. 209. Mary Evans / Natural History Mus / picturedesk.com: S. 124. Mara von Ferne: S. 100. Erich Hartmann / Magnum Photos / picturedesk.com: S. 73. Katharina Heinroth: S. 91. Lyanda Haupt: S. 85. Hermann Heinzel: S. 61 (o.). Tanja Jacobi: S. 146. Marielle Janotta: S. 101 (o. l.). Jürgen Juranek: S. 101 (u.). Philipp Juranek: S. 46, 50, 62 (u. l.), 63, 132. Komitee gegen den Vogelmord e.V.: S. 179 (u.) Alexa Kube: 68 (2). Loupefilm: S. 12 (u.), 22 (3), 23 (2), 37 (4), 41 (2), 44 (u.), 45 (3), 60, 61 (u.l.), 62, 96, 104, 105, 114, 118, 119, 125 (2), 135 (2), 147 (o.), 154 (5), 155 (o.), 172 (o.), 173 (2), 179 (o.), 184 (o. l., u. l., u. r.), 197, 215, Cover (Star), Rückseite Schutzumschlag. Mareike Mahnke: S. 98. Magdalena Miazek: S. 126. Luis Montanya / Science Photo Library / picturedesk.com: S. 12 (u.). Debora Mittelstaedt: S. 13 (o.), 216, Autorenfoto Innenklappe Schutzumschlag. Science Photo Library / picturedesk.com: S. 43, 187. Søren Solkær: S. 110/111, 112, Cover (Schwarm). Søren Solkær & Henrik Soten: S. 102. Weingut Aufricht / Martin Schachenhofer: S. 165 (l.).

LIEBE
*LESER*INNEN,*

bleiben wir in Verbindung!

Wir freuen uns auf Ihre Anregungen, Kritik und Wünsche.
leserbrief@brandstaetterverlag.com

Christian Brandstätter Verlag GmbH & Co KG
Wickenburggasse 26, 1080 Wien
Tel: +43 1 512154320

Viele weitere Leseinspirationen und Geschenkideen
finden Sie unter
www.brandstaetterverlag.com

1. Auflage, 2025

ISBN: 978-3-7106-0856-8

Grafik und Covergestaltung: Caroline Plank-Bachselten
Lektorat: Katharina Theml
Projektleitung: Judith E. Innerhofer

Papier: Salzer EOS 1,5-fach (FSC®- und PEFC-zertifiziert)
Druck: Neografia, Martin-Priekopa (SK)

Wir tragen Verantwortung

Aus diesem Grund haben wir uns auf den Weg gemacht, um unseren Einfluss auf das Klima und auf den Planeten zu minimieren. Anstelle von Kompensationszahlungen, und über die üblichen Umweltlabel hinausgehend, haben wir uns das Ziel gesteckt, den CO_2-Ausstoß auf allen Ebenen signifikant zu verringern – entlang der gesamten Wertschöpfungskette von der Idee bis zum Buch in Ihren Händen. Mehr Informationen finden Sie unter www.brandstaetterverlag.com/nachhaltigkeit

Bei Fragen zur Sicherheit unserer Produkte wenden Sie sich bitte an verantwortung@brandstaetterverlag.com